机械电子工程专业实验指导教程

主编　王绍胜
王　骁
张耀元

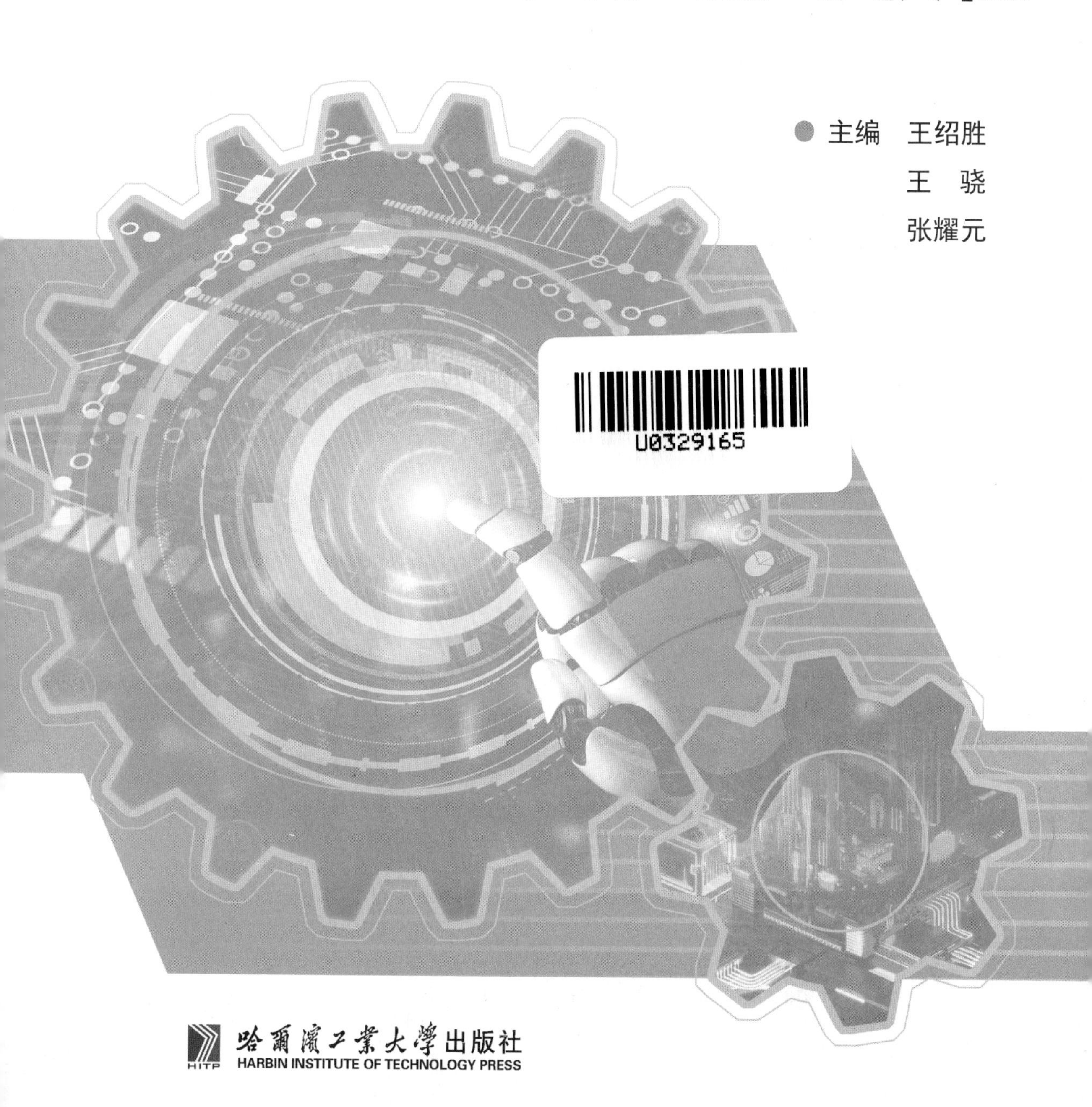

哈爾濱工業大學出版社
HARBIN INSTITUTE OF TECHNOLOGY PRESS

内 容 简 介

本书将机电工程专业所开设课程相关的实验内容综合为一体，系统介绍机电工程专业所开设课程的实验过程。本书第1篇主要涉及机电工程专业系统的实验指导，实验的基本原理和操作步骤、实验要求，控制理论和测试要求，以及数控机床和机器人与智能制造系统的理论与实际应用等。书中包含许多可以在实验室快速组合并进行实验的研究实例、案例分析。通过系统实验技术，将烦琐离散的实验内容清晰简洁地串联起来。第2篇为实验报告部分，方便学生提交实验报告。

本书适合作为机械设计及其自动化、机械制造工艺、机械电子工程、工业工程等专业二～四年级本科生和研究生的教材，同时也可供相关工程技术人员参考。

图书在版编目(CIP)数据

机械电子工程专业实验指导教程/王绍胜，王骁，张耀元主编.—哈尔滨：哈尔滨工业大学出版社，2025.5.—ISBN 978-7-5767-1956-7

Ⅰ.TH－39

中国国家版本馆CIP数据核字第2025MT1295号

策划编辑　杜　燕
责任编辑　谢晓彤
封面设计　高永利
出版发行　哈尔滨工业大学出版社
社　　址　哈尔滨市南岗区复华四道街10号　邮编150006
传　　真　0451-86414749
网　　址　http://hitpress.hit.edu.cn
印　　刷　哈尔滨久利印刷有限公司
开　　本　787 mm×1 092 mm　1/16　印张9.25　字数214千字
版　　次　2025年5月第1版　2025年5月第1次印刷
书　　号　ISBN 978-7-5767-1956-7
定　　价　36.00元

前　　言

机电工程专业是由机械工程、电气工程、数控技术、机器人和智能制造系统等有机结合而成的复合学科，包括控制工程系统以及设计具有内置智能产品的数控方法。

本书适用于机械设计及其自动化、机械制造工艺、机械电子工程、工业工程等专业的二～四年级本科生和研究生使用。本书综合了系统实验、传感器、执行器、实时数控接口和控制等机电工程专业所开课程的相关内容，适合作为大学机电工程专业所开课程的实验教材。本书还向读者介绍了机电工程技术的基本原理所涵盖的各种问题。

本书的独特之处在于包含了机电工程系统的实验和控制。传统上，学习本课程需要至少熟悉一种数控系统，如华中、SIMENS或FANUC。在本书中，我们使用基于可视化编程环境来完成所有实验和测试任务。学生会发现这个环境很直观且灵活。

本书特色

本书是为学生和在职实验教师、工程师而编写的，既可作为参考教程，也可作为教学资料。本书的主要特点如下。

①从实验的角度对机电工程专业所开课程加以答疑和解惑。

②创建系统动态的实验方法。

③详细叙述许多实验装置中的传感器与执行器的操作和选择。

④结合实验的约束条件全面讨论数字控制技术。

⑤讨论用于实时数控系统接口的模拟和数字硬件器件。

⑥汇合了许多带零部件的实验研究，适合于实验学习。

⑦概述了机电工程专业最新的实验成果和未来的发展趋势。

随着计算机技术、材料科学和数控技术的广泛应用，许多以前分立的电路，现在通常被集成在超大规模集成电路中，如将智能传感器做成模块，微型传感器和微型机电工程系统在日常生活、医疗、过程控制、航空航天、军事和环保工程中得到巨大应用。超大规模电路的小型化和智能化为实验教师和工程师教学、科研和社会服务提供了全新的应用环境。

篇章安排

基于本书的机电工程专业课程，可以通过实验、问题以及在实验室迅速组合并进行实验的研究实例向学生介绍机电工程专业实验的设计过程。本书共2篇。

第1篇为实验指导书部分，共7章。

第1章介绍智能制造系统的认识与分析。

第2章介绍工业机器人，然后深入讲解机器人的编程过程。

第3章主要介绍控制工程基础的基本理论和操作原理，还讨论了仪器仪表装置原理。

第4章介绍测试技术，主要应用了一些传感器。

第5章介绍数字电子技术基础，包括布尔逻辑、数字电路等。

第6章介绍电路分析基础，特别讲解了叠加定理。

第7章介绍模拟电子技术基础，讲解了模拟电路测试方法。

第2篇为实验报告部分，共7章，分别对应第1篇1～7章。

编写本书的难点在于把机电工程的各门课程分散的内容结合起来，这对于理解机电工程专业实验是非常重要的。本书为学生提供了测试及进行机电工程专业实验需要的测试方法。

致谢

本书所用材料是编者在黑龙江科技大学机械工程学院机电教研室测试实验室、智能制造实验室的教学工作中积累起来的。

本书由王绍胜、王骁、张耀元担任主编，编写分工如下：王绍胜老师编写第1篇的第1章～第4章；王骁老师编写第1篇的第5章～第7章，第2篇的第1章、第2章及第3章实验一；张耀元老师编写第2篇的第3章实验二、实验三，以及第4章～第7章。

本书在编写过程中得到了双鸭山双煤机电装备有限公司、哈尔滨宇龙友力科技有限公司研发和技术人员的大力支持，在此表示感谢。

感谢在工作中给予帮助的同事。感谢高兴海、万丰高级工程师、任春平副教授。

本书在编写过程中，参考并引用了相关的文献资料，借鉴了国内外学者的研究成果和经验，在此向这些作者和研究人员表示谢意。

由于编者水平所限，书中的疏漏和不足之处在所难免，敬请读者批评指正。

编　者

2025年1月

目　　录

第1篇　实验指导书部分

第1章　智能制造系统的认识与分析 …… 3
实验一　智能制造系统的认识与分析实验 …… 3
实验二　智能生产线的认识 …… 5
第2章　工业机器人 …… 10
实验一　工业机器人的组成及主要性能指标 …… 10
实验二　工业机器人的运动控制 …… 18
第3章　控制工程基础 …… 41
实验一　惯性环节时域特性模拟实验 …… 41
实验二　二阶系统时域特性模拟实验 …… 45
实验三　二阶系统频率特性模拟实验 …… 48
第4章　测试技术 …… 52
实验一　传感器的结构、变换原理及应用 …… 52
实验二　电桥“和差”特性与应变测量 …… 55
实验三　传感器静态特性参数测试 …… 62
实验四　悬臂梁动态特性参数测试 …… 67
第5章　数字电子技术基础 …… 72
实验一　组合逻辑电路设计实验 …… 72
第6章　电路分析基础 …… 79
实验一　叠加定理 …… 79
第7章　模拟电子技术基础 …… 81
实验一　三极管放大电路设计实验 …… 81

第2篇 实验报告部分

第1章 智能制造系统的认识与分析实验报告 …… 85
实验一 智能制造系统的认识与分析实验 …… 88
第2章 工业机器人实验报告 …… 91
实验一 工业机器人的组成及主要性能指标 …… 94
实验二 工业机器人的运动控制 …… 97
第3章 控制工程基础实验报告 …… 101
实验一 惯性环节时域特性模拟实验 …… 104
实验二 二阶系统时域特性模拟实验 …… 107
实验三 二阶系统频率特性模拟实验 …… 110
第4章 测试技术实验报告 …… 113
实验一 传感器的结构、变换原理及应用 …… 116
实验二 电桥“和差”特性与应变测量 …… 118
实验三 传感器静态特性参数测试 …… 120
实验四 悬臂梁动态特性参数测试 …… 122
第5章 数字电子技术基础实验报告 …… 125
实验一 组合逻辑电路设计实验 …… 128
第6章 电路分析基础实验报告 …… 131
实验一 叠加定理 …… 134
第7章 模拟电子技术基础实验报告 …… 137
实验一 三极管放大电路设计实验 …… 140
参考文献 …… 142

第 1 篇

实验指导书部分

第1章　智能制造系统的认识与分析

实验一　智能制造系统的认识与分析实验

智能制造系统的认识与分析实验毕业要求指标点

项目	内容
能够针对相关工程专业特定需求，完成单元（部件）的设计、制造	能够实施机械工程领域相关实验，获得准确的实验结论

一、实验目的

（1）了解智能制造系统的基本结构、工作原理，学会正确使用智能制造系统的方法，进一步理解课堂教学的内容。

（2）学习智能制造系统的特性，以此掌握加工系统和检测系统的特性及检测系统数据处理方法，并理解和掌握检测系统对检测结论的设定要求。

二、实验原理

智能制造系统是一个全闭环控制工程系统，它的特性为高智能化、无人化和可下发制造清单。智能制造系统的认识与分析实验的实验原理是：根据制造清单的要求选择适当的加工方法，以保证零件的质量要求。在产品一致性的要求下，给智能制造系统输入制造清单和不同的加工程序，同时设定好机器人的动作，输出的零件形状随输入软件的变化而变化，这个特性即是智能制造系统的特性。把输出零件形状尺寸随程序变化的规律称为智能化。

三、实验设备

（1）智能制造系统（包括数控车床和加工中心各1台）。

（2）料库单元。

（3）倍速链模块。

（4）机器人。

四、实验步骤

(1)阅读智能制造系统有关设备的使用说明书,熟悉智能制造系统各个部分的作用。

(2)接通智能制造系统电源,待系统无报警状态下再按下启动按钮,等倍速链启动后,注意观察搬运机械手的位置,使搬运机械手处于零位。

(3)选择FANUC机器人,按示教要求运行。在实验中需要注意观察异常情况,防止发生碰撞。为了使学生能比较直观地掌握智能制造系统的特性,在本次实验中需要设定2次加工,即保证零件在精度要求范围内,以获得2种工艺状态的实验零件(2种工艺加工),以便能直观地比较工艺方法对加工性能的影响。

(4)加工完毕后,先将倍速链停止,按下拍摄按钮,拍下检测单元的图片。

(5)记录加工清单,记录加工程序,再关闭智能制造系统各模块,关闭各模块相对应的电源开关即可。

(6)关闭压缩机电源。

(7)关闭各模块的空气开关。此时便可从智能制造系统UPS(不间断电源)的显示屏上看到报警灯,同时听到报警声。

(8)关闭智能制造系统的UPS。

(9)关闭智能制造系统的总空气开关。

(10)实验完毕。

五、实验零件处理

(1)确定零件清单,输入零件清单。

(2)在实验报告上记录零件清单。

(3)画出零件图。

(4)分别编出零件2种工艺加工程序。

六、实验报告的内容及要求

(1)实验目的。

(2)设备名称、实验系统框图。

(3)原始加工程序,绘制零件图。

(4)实验结论(分析工艺方法对加工精度的影响,根据实验零件和实验现象总结智能化的条件)。

七、思考题

如何提高该智能制造系统的智能化?

实验二　智能生产线的认识

一、实验目的

(1)熟悉机械加工生产线(简称机加工产线)所用设备与整体结构。
(2)熟悉机加工产线的模块构件及功能。

二、实验要求

能够清楚地认识智能生产线的设备,理解各模块的功能。

三、实验步骤

1.设备认识

根据被加工工件的具体情况、工艺要求、工艺过程、生产率和自动化程度等因素,自动线的结构及其复杂程度常有较大的差别,但不论其复杂程度如何,机加工产线一般由加工装备、工艺装备、输送系统、辅助系统和控制系统等5个基本部分组成,本产线的组成部分包括:FANUC机器人、伺服电机、升降气缸、数控车床、数控铣床、视觉检测单元等,如图1.1所示。

(a) FANUC 机器人

(b) 伺服电机

(c) 升降气缸

(d) 数控车床

(e) 数控铣床

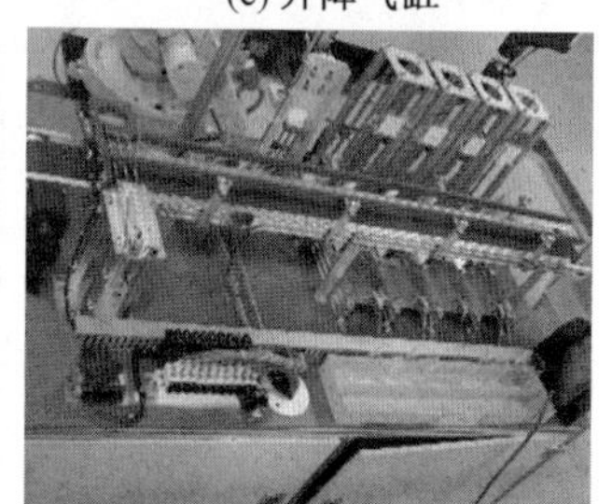
(f) 视觉检测单元

图1.1　产线的组成

2. 产线认识

机加工产线的基本功能：在机器零件的制造过程中，将工件的各加工工序合理地安排在若干台机床上，并用输送装置和辅助装置将它们连接成一个整体，在输送装置的作用下，被加工工件按其工艺流程顺序通过各加工设备，完成工件的全部加工任务。产线总体图如图 1.2 所示。

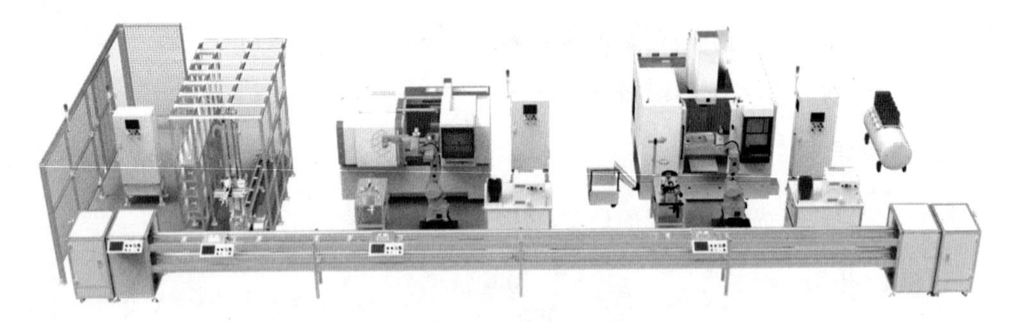

图 1.2　产线总体图

(1)升降台 1：通过升降气缸使上层与下层的载料板实现轮回循环使用。

(2)堆垛机上料单元：物料上料区，存放待加工的工件。

(3)数控车床单元：FANUC 机器人将到位工件放入数控车床中进行加工。

(4)数控铣床单元：FANUC 机器人将到位工件放入数控铣床中进行加工。

(5)视觉检测单元：三维逆向扫描设备将加工后的工件进行检测。

(6)堆垛机下料单元：到达产品库存区后由堆垛机将成品样板放入指定样板库中。

(7)升降台 2：通过升降气缸使上层与下层的载料板实现轮回循环使用。

(8)倍速链单元：倍速链模块为整个运动的连接，并配合升降气缸和阻挡气缸形成到位即停、完成即走的工作状态。

3. 模块划分

(1)倍速链模块【I 模块】(图 1.3)。

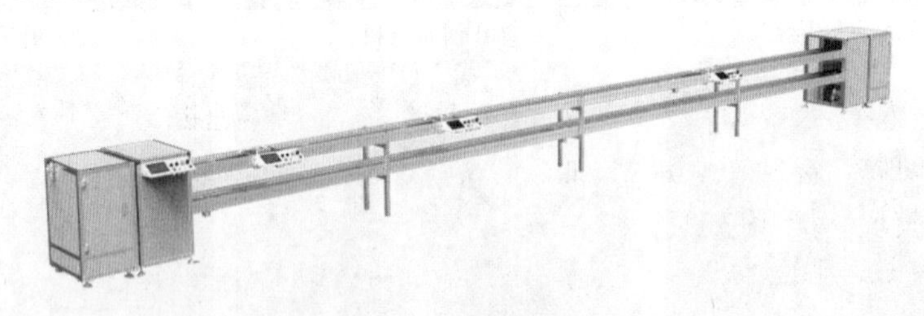

图 1.3　倍速链模块

倍速链模块作为整条产线的总站，可以控制下面各模块启动运行信号，以及控制产线前端整条倍速链电机运转和倍速链上各上升气缸及阻挡气缸。

(2)堆垛机模块【B 模块】(图 1.4)。

堆垛机模块作为产线的出料及入料单元，可在产线运行前对物料进行自动入库，然

图 1.4　堆垛机模块

后再根据下单顺序进行物料的出料操作。

(3)车床模块【C 模块】(图 1.5)。

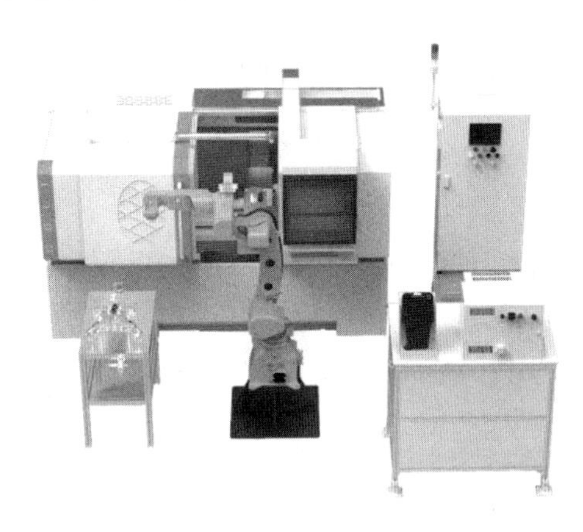

图 1.5　车床模块

通过机器人动作对物料进行拾取，放入车床中，根据倍速链模块发送的产品型号调用相应程序，对物料进行初次加工，加工完成后通过机器人拾取放回倍速链上。

(4)铣床模块【D 模块】(图 1.6)。

通过机器人动作对物料进行拾取，放入铣床中，根据倍速链模块发送的产品型号调用相应程序，对物料进行再次加工，加工完成后通过机器人拾取放回倍速链上。

4. 工作流程

机加工产线分流水线和自动线。自动线是在流水线的基础上，采用控制系统，使各机床之间的工件输送、转位、定位和夹紧以及辅助装置动作均实现自动控制，并按预先设计的程序自动工作的生产线。自动线流程图如图 1.7 所示。

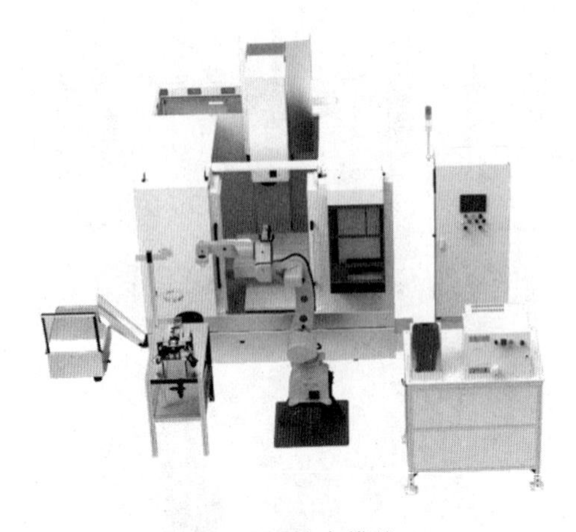

图 1.6　铣床模块

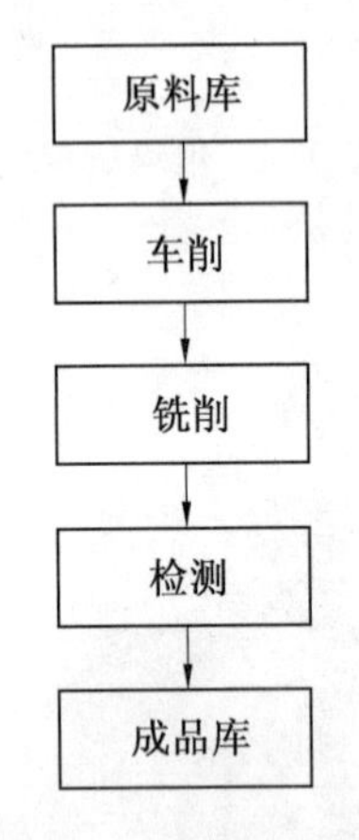

图 1.7　自动线流程图

5. 产线启动

(1)将动力配电柜的总的空气开关(简称空开)合闸。

(2)将五大模块的控制柜中的空开全部打开,如图 1.8 所示。

(3)确保各模块设备处于启动状态。

车床、铣床的开关位于背面,车床开关如图 1.9 所示。

机器人控制柜的开关位置如图 1.10 中的⑤所示。

四、拓展练习

叙述自动线总体流程并能指出各设备所在及对应名称。

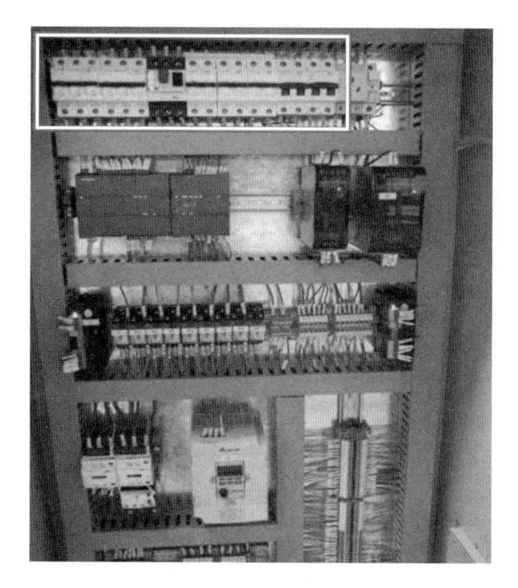

图 1.8　空气开关

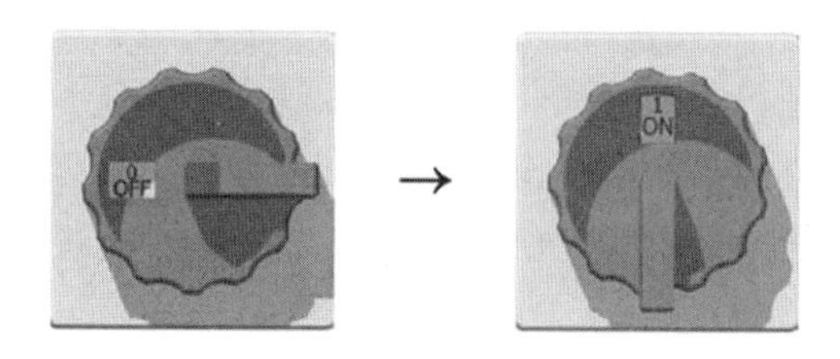

图 1.9　车床开关

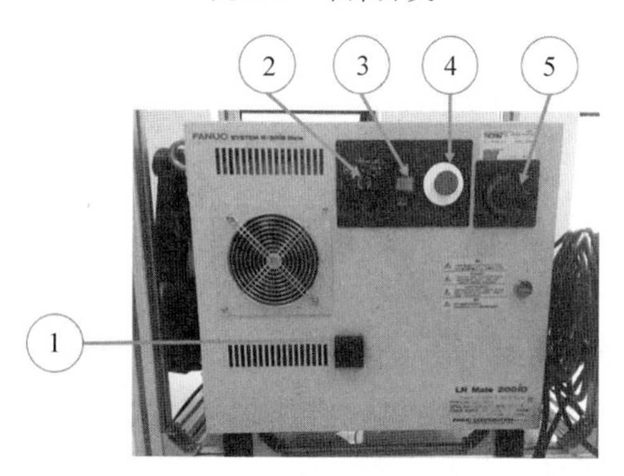

图 1.10　机器人控制柜开关

①—USB 接口；②—方式选择；③—循环启动；④—急停按钮；⑤—空气开关

第2章　工业机器人

实验一　工业机器人的组成及主要性能指标

一、工业机器人介绍

工业机器人是面向工业领域的多关节机械手或多自由度的机器人。工业机器人是自动执行工作的机器装置，是靠自身动力和控制能力来实现各种功能的一种机器。它可以接受人类指挥，也可以按照预先编排的程序运行。现代的工业机器人还可以根据人工智能技术制定的原则纲领行动。

工业机器人的典型应用包括焊接、刷漆、组装、采集和放置（例如包装、码垛和表面组装技术（SMT））、产品检测和测试等；所有工作的完成都具有高效性、持久性、快速性和准确性。

工业机器人发展的趋势：

工业机器人的性能不断提高，而单机价格不断下降。机械结构向模块化、可重构化发展。例如，关节模块中的伺服电机、减速器、检测系统三位一体化；由关节模块、连杆模块用重组方式构造机器人整机。

工业机器人控制系统向基于PC机的开放型控制器方向发展，便于标准化、网络化；器件集成度提高，控制柜日渐小巧，且采用模块化结构；大大提高了系统的可靠性、易操作性和可维修性。

机器人中传感器的作用日益重要，装配、焊接机器人采用了位置、速度、加速度、视觉、力觉等传感器，而遥控机器人则采用视觉、声觉、力觉、触觉等多传感器融合配置技术来进行环境建模及决策控制；多传感器融合配置技术在产品化系统中已有成熟应用。

虚拟现实技术在机器人中的作用已从仿真、预演发展到用于过程控制，如使遥控机器人操作者产生置身于远端作业环境中的感觉来操纵机器人。当代遥控机器人系统的发展特点不是追求全自治系统，而是致力于操作者与机器人的人机交互控制，即遥控加局部自主系统构成完整的监控遥控操作系统，使智能机器人走出实验室进入实用化阶段，机器人化机械开始兴起。

二、工业机器人的安全操作注意事项

(1)未经许可不能擅自进入机器人工作区域。

(2)机器人处于自动模式时,不允许进入其运动所及范围。

(3)机器人运行中发生任何意外或运行不正常时,立即按下急停按钮,使机器人停止运行。

(4)在编程、测试和检修时,必须将机器人置于手动模式,并使机器人以低速运行。

(5)调试人员进入机器人工作区域时,须随身携带示教器,以防他人误操作。

(6)在不移动机器人或不运行程序时,应及时释放示教器按钮。

(7)突然停电时要及时关闭机器人主电源。

(8)发生火灾时,应使用二氧化碳灭火器灭火。

三、工业机器人的系统组成

工业机器人一般由机器人本体、机器人控制器、机器人配套组件等几部分组成。

1. 工业机器人本体结构

工业机器人本体的机械结构主要由四大部分构成:手部、腕部、臂部和基座,如图2.1所示。

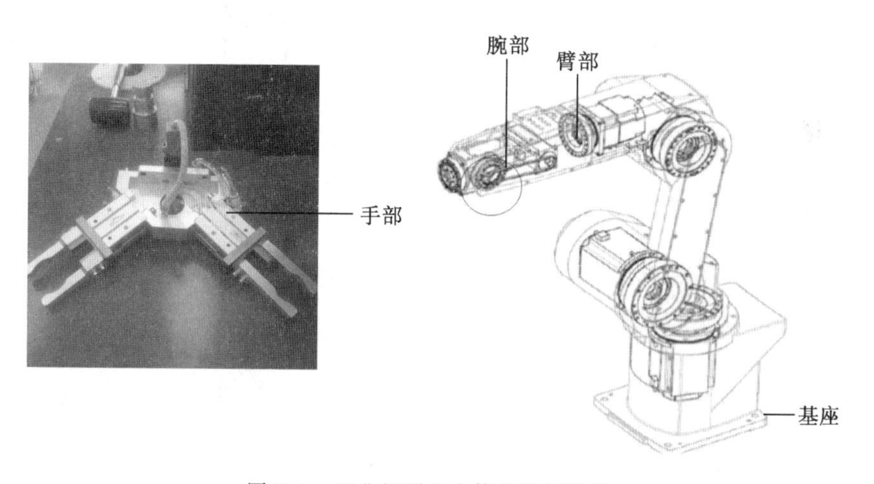

图2.1　工业机器人本体的机械结构

(1)手部。

机器人手部通常也称为末端执行器,是机器人直接用于抓取和握紧工件或夹持专用工具进行操作的部件,它具有模仿人手的功能,并安装于机器人手臂的前端,即与机器人最末端一个轴(法兰盘)相连。

(2)腕部。

机器人腕部是连接机器人手部和臂部的部件,是操作机中结构最复杂的部分。

(3)臂部。

机器人臂部用以连接机器人机身和腕部,是将机器人的腕部送达指定位置的部分。

(4)基座。

基座处在机器人的最底部,是机器人的基础部分,起支撑作用。

2. 机器人控制柜及控制器

机器人控制柜内所有的部件+示教器=机器人控制器。机器人控制器根据机器人的作业指令程序以及从传感器反馈回来的信号支配机器人的执行机构完成规定的运动和功能。一部分是对其自身运动的控制;另一部分是工业机器人与周边设备的协调控制。机器人控制柜如图 2.2 所示。

图 2.2　机器人控制柜

智能制造焊接打磨产线使用的机器人是来自 FANUC 的 M10－iD/12 型号机器人,配套的控制器控制单元由以下部分组成:

(1)示教器(teach pendant)。

(2)操作面板及其电路板(operate panel)。

(3)主板(main board)。

(4)主板电池(battery)。

(5)I/O 板(I/O board)。

(6)电源供给单元(PSU)。

(7)急停单元(e-stop unit)。

(8)伺服放大器(servo amplifier)。

(9)变压器(transformer)。

(10)风扇单元(fan unit)。

(11)断路器(breaker)。

(12)再生电阻(regenerative resistor)等。

机器人控制柜及示教器如图2.3所示。

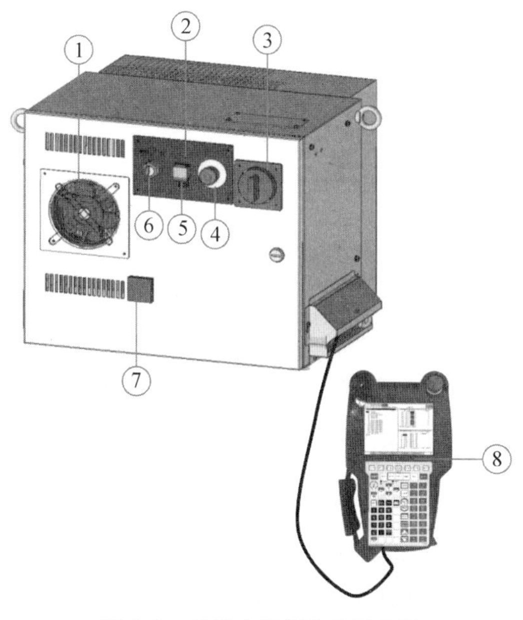

图2.3　机器人控制柜及示教器

①—风扇；②—操作面板；③—断路器；④—急停按钮；⑤—循环启动按钮；⑥—模式开关；⑦—USB插口；⑧—示教器

控制柜内部结构如图2.4所示。

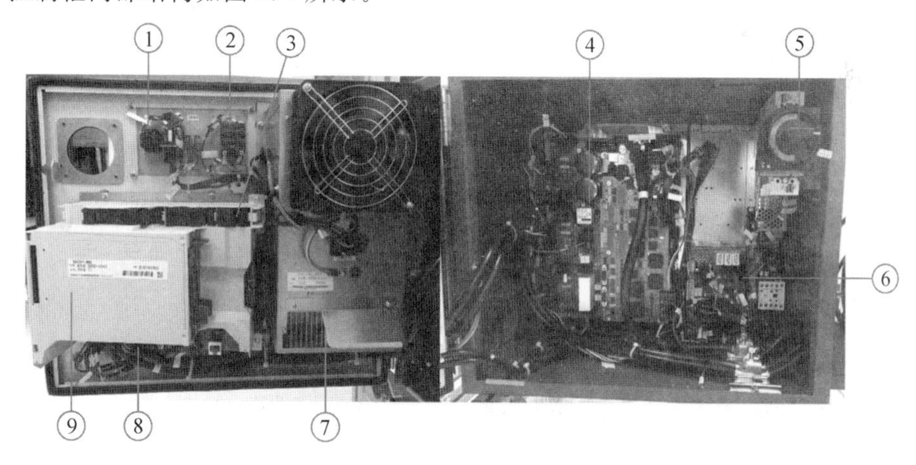

图2.4　控制柜内部结构

①—急停按钮；②—模式开关；③—主板电池；④—6轴伺服放大器；⑤—断路器；⑥—急停单元；⑦—热交换器；⑧—主板；⑨—后面板单元

通过控制柜面板上的模式开关来选择不同的机器人运行模式。

3. 机器人控制器模式选择

(1)AUTO 模式(图 2.5)。

①操作面板有效。

②可通过操作面板的启动按钮或外围设备的 I/O 信号来启动机器人程序。

③安全栅栏信号有效。

④机器人能以指定的最大速度运行。

图 2.5　AUTO 模式

(2)T1(调试模式 1)。

①程序只能通过示教器(TP)来激活。

②机器人的运行速度被限制在 250 mm/s 以内。

③安全栅栏信号无效。

(3)T2(调试模式 2)。

①程序只能通过示教器(TP)来激活。

②机器人能以指定的最大速度运行。

③安全栅栏信号无效。

4. 机器人示教器

机器人示教器的作用主要有：移动机器人、在线编写机器人程序、试运行程序、生产运行、查看机器人状态(I/O 设置、位置信息等)、手动运行等。以下是机器人示教器操作说明。

(1)机器人示教器及其键盘如图 2.6、图 2.7 所示。

(2)示教器显示界面如图 2.8 所示。

(3)示教器 MENU 键菜单如图 2.9 所示。

(4)示教器 FCTN 键菜单如图 2.10 所示。

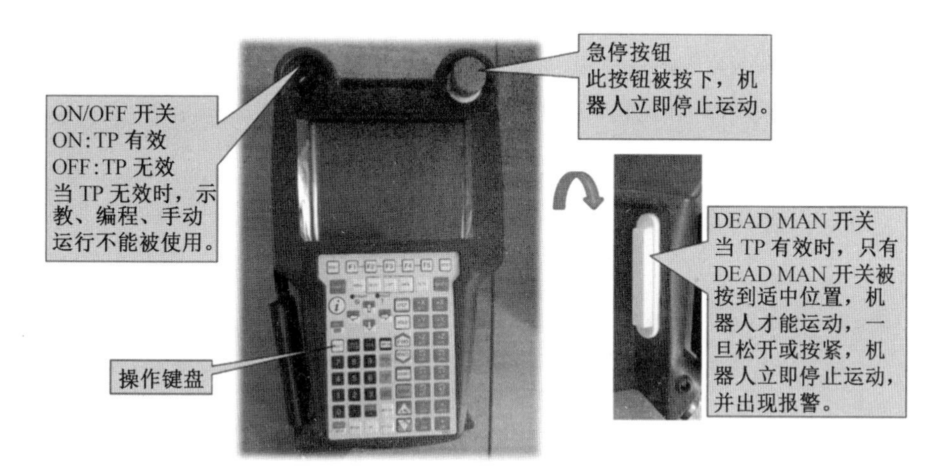

图 2.6　机器人示教器

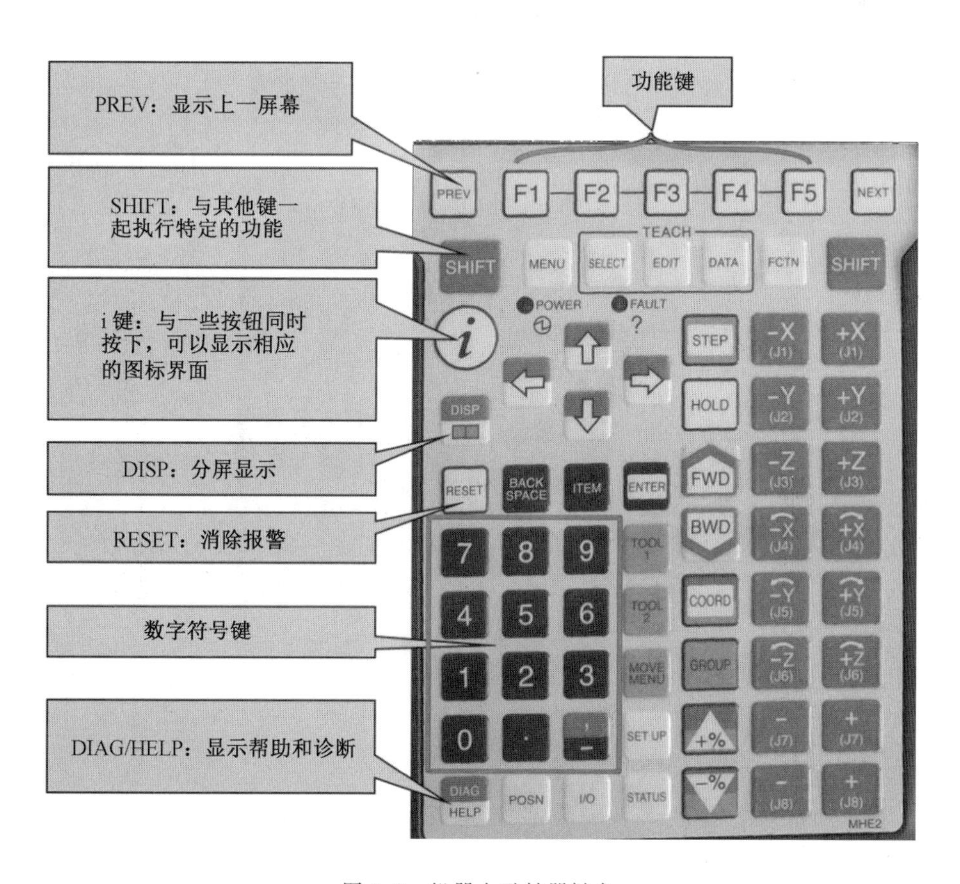

图 2.7　机器人示教器键盘

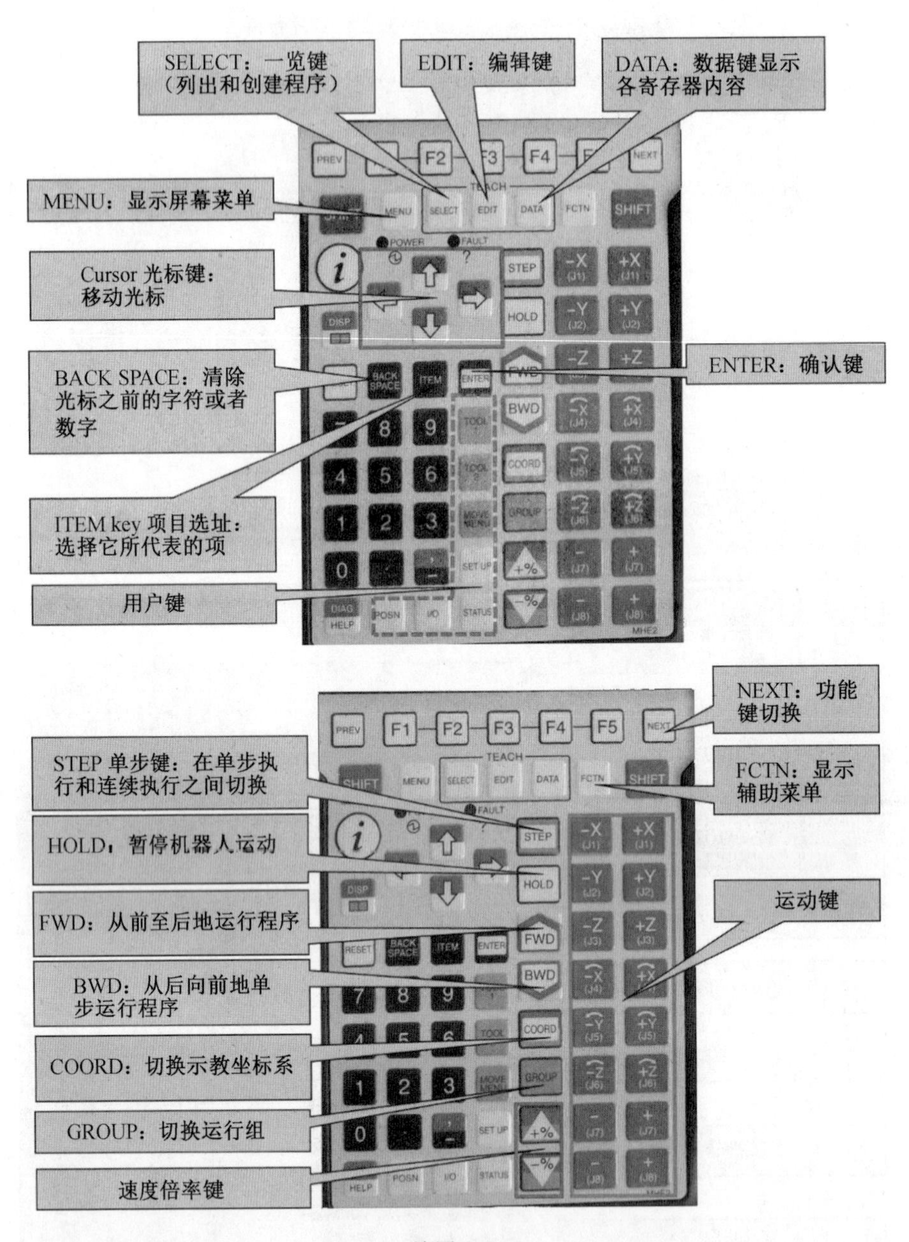
SELECT：一览键（列出和创建程序）
EDIT：编辑键
DATA：数据键显示各寄存器内容
MENU：显示屏幕菜单
Cursor 光标键：移动光标
BACK SPACE：清除光标之前的字符或者数字
ENTER：确认键
ITEM key 项目选址：选择它所代表的项
用户键
NEXT：功能键切换
STEP 单步键：在单步执行和连续执行之间切换
FCTN：显示辅助菜单
HOLD：暂停机器人运动
运动键
FWD：从前至后地运行程序
BWD：从后向前地单步运行程序
COORD：切换示教坐标系
GROUP：切换运行组
速度倍率键

续图 2.7

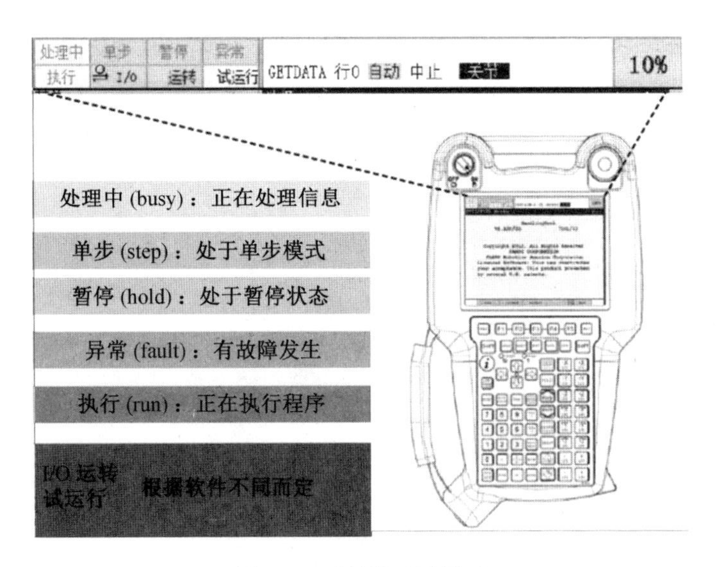

图 2.8　示教器显示界面

项目	功能
实用工具	使用各类机器人的功能
试运行	为测试操作设定数据
手动操作	手动执行宏指令
报警	显示发生的报警和过去报警履历以及详细情况
I/O	显示各类I/O信号的状态和手动分配信号
设置	设置系统的各种功能
文件	进行程序、系统变量等文件的加载和存储
用户	在执行消息指令时显示用户信息
一览	显示程序一览（列出和创建程序）
编辑	进行程序的编辑、示教、修改和执行
数据	显示各种寄存器的值
状态	显示系统的状态
4D图形	显示机器人当前的位置及4D图形
系统	设置系统变量和零点复归的设定等
用户2	显示从KAREL程序输出信息
浏览器	进行网页浏览

图 2.9　示教器 MENU 键菜单

项目	功能
中止程序	强制中断正在执行或暂停中的程序
禁止前进后退	手动执行程序时，选择FWD和BWD按键功能是否有效
改变群组	在点动进给时进行动作群组的切换（只有设定了多组时才会显示）
解除等待	跳过正在执行的等待语，解除等待时，程序被暂停在下一个语句处
简易/全画面切换	切换简易菜单和完整菜单
保存	保持当前屏幕中相关数据到外部存储装置中
打印画面	原样打印当前屏幕的显示内容
打印	用于程序、系统变量的打印
所有I/O仿真解除	取消所有I/O信号的仿真设定
重新启动	重新启动控制柜（电源ON/OFF）
启用HMI菜单	按下MENU键时选择是否显示HMI菜单
更新面板	进行画面的再次显示
诊断记录	发生故障时记录调查用数据（请在电源置于OFF前记录）
划除诊断记录	删除所记录的调查用数据

图 2.10　示教器 FCTN 键菜单

实验二　工业机器人的运动控制

一、机器人坐标系与点动

1. 机器人坐标系

机器人坐标系分为 4 种，分别是关节坐标系（图 2.11）、世界坐标系（图 2.12）、工具坐标系（图 2.13）、用户坐标系（图 2.14）。

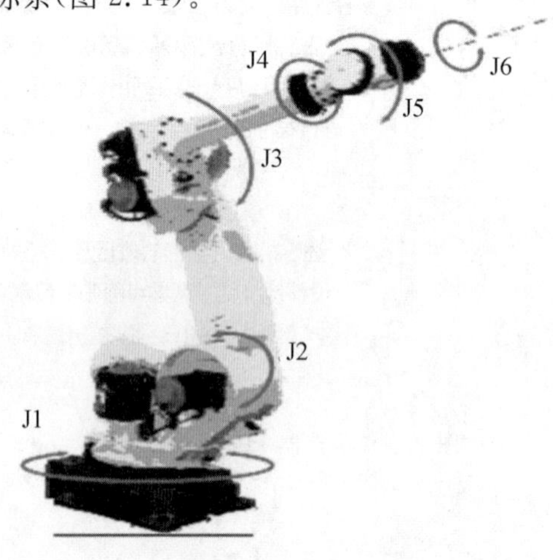

图 2.11　关节坐标系

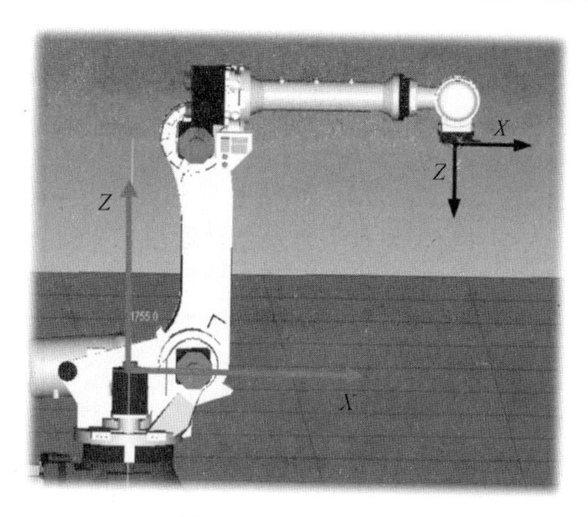

图 2.12　世界坐标系

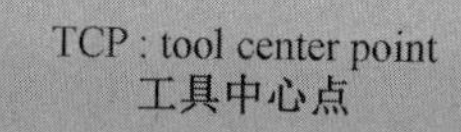

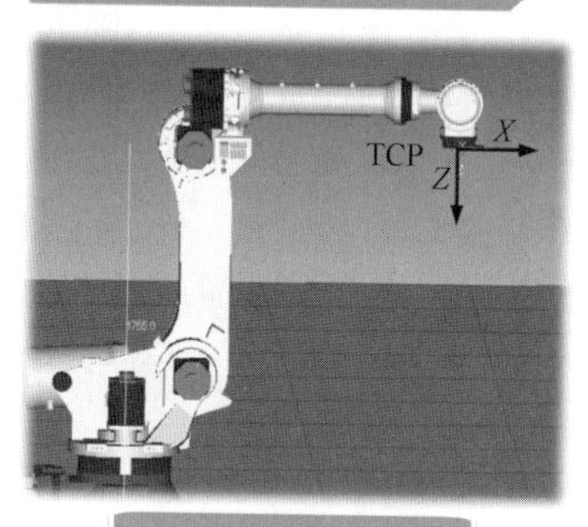

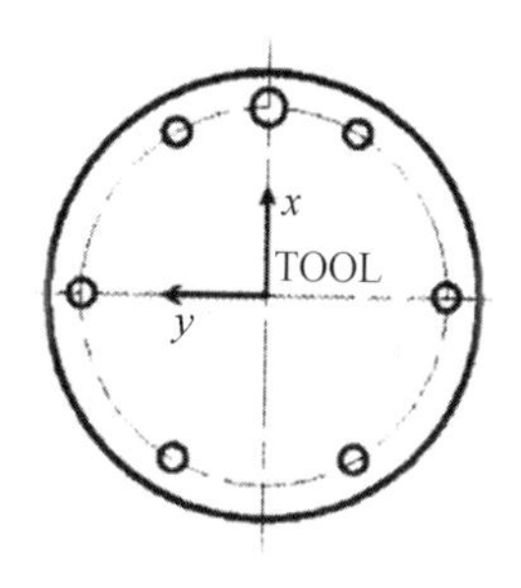

图 2.13　工具坐标系

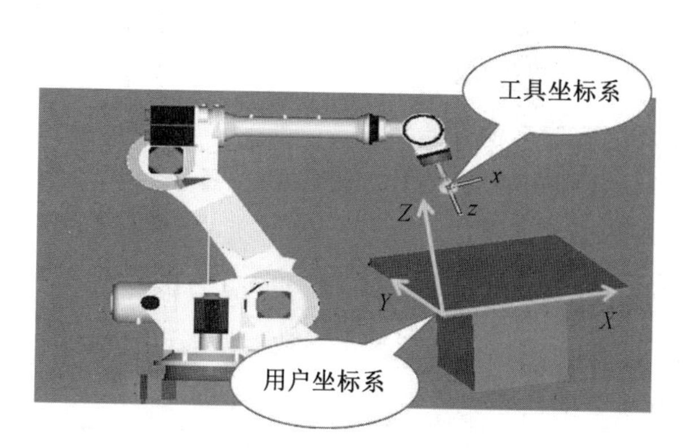

图 2.14　用户坐标系

坐标系选择可以通过示教器上的COORD按钮进行切换。

2. 机器人点动

机器人点动是指通过操作示教器，移动机器人到我们想要的位置或者机器人姿态。手动运动机器人需要在机器人未急停状态下，运行模式选择T1/T2模式，示教器开关打到ON，机器人无报警状态下进行。机器人点动条件如图2.15所示。

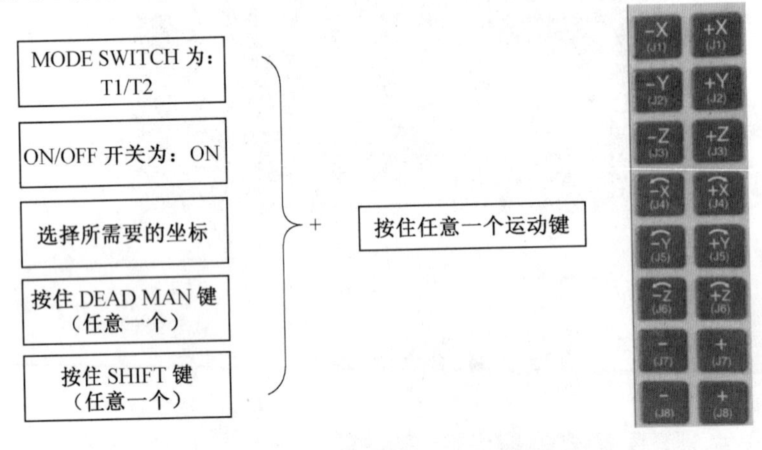

图2.15　机器人点动条件

二、机器人程序运动指令

机器人应用程序是为使机器人进行作业而由用户编辑的指令以及其他附带信息构成的。

创建机器人程序的步骤如下：

(1)通过示教器上的SELECT按键列出和创建程序。

(2)移动光标选择程序名命名方式再使用功能键F1～F5键输入程序名。

(3)按ENTER键确认程序名，按F3键能进入程序编辑界面。

机器人程序命名注意事项：

(1)不可以用空格作为程序名的开始字符。

(2)不可以用符号作为程序名的开始字符。

(3)不可以用数字作为程序名的开始字符。

程序名称最好能够体现程序的功能，比如使用拼音字母命名。

机器人编程界面如图2.16所示。

1. 机器人程序语句结构(图2.17)

当机器人位置与P[i]点所表示的位置基本一致时，该行出现@符号。

2. 机器人语言动作指令的四要素

机器人语言动作指令的四要素如图2.18所示。

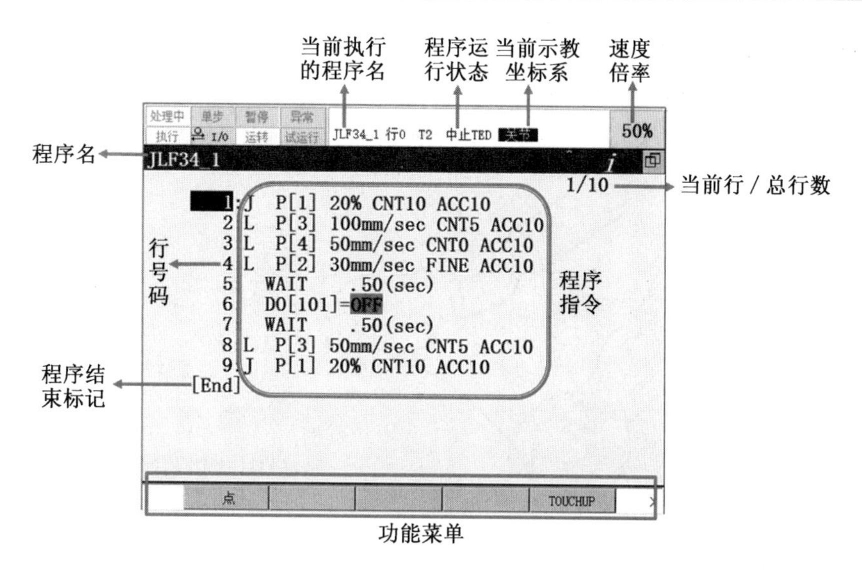

图 2.16　机器人编程界面

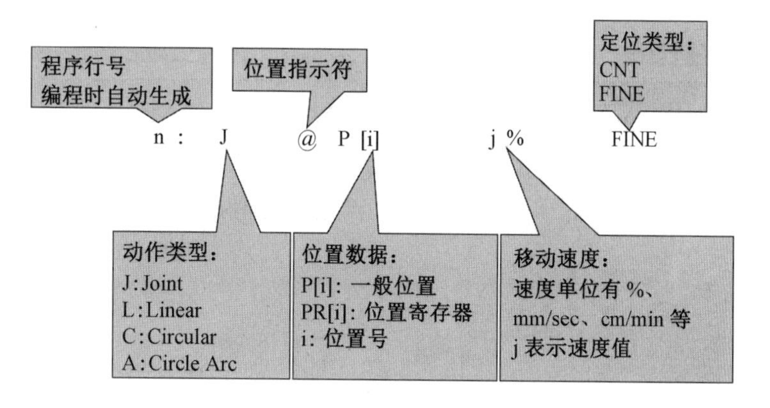

图 2.17　机器人程序语句结构

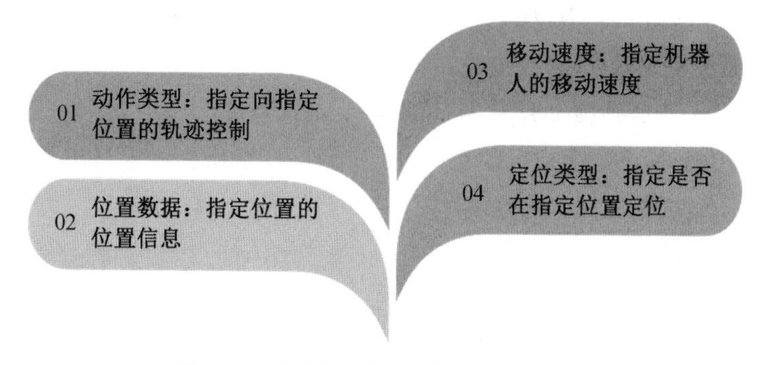

图 2.18　机器人语言动作指令的四要素

3. 机器人动作指令介绍

(1)J(Joint,关节动作)(图 2.19)。

关节动作指工具在 2 个指定的点之间任意运动,不进行轨迹控制和姿势控制。

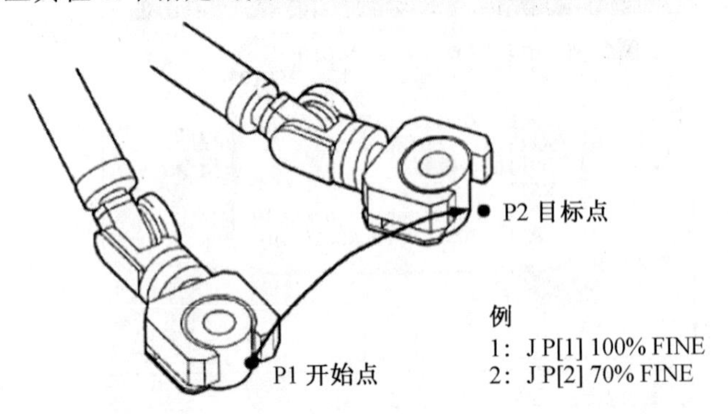

图 2.19　关节动作

(2)L(Linear,直线动作)(图 2.20)。

直线动作指工具在 2 个指定的点之间沿直线运动,从动作开始点到目标点以线性方式对 TCP 移动轨迹进行控制的一种移动方法。

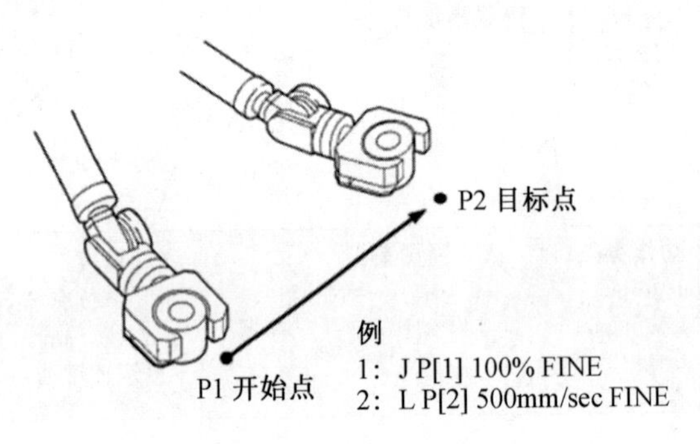

图 2.20　直线动作

(3)C(Circular,圆弧动作)(图 2.21)。

圆弧动作指工具在 3 个指定的点之间沿圆弧运动,从动作开始点通过经由点到目标点以圆弧方式对 TCP 移动轨迹进行控制的一种移动方法。

(4)A(Circle Arc,C 圆弧动作)(图 2.22)。

C 圆弧动作指工具在 3 个指定的点之间沿圆弧运动,在 1 行中只示教 1 个位置,由连续的 3 个 C 圆弧动作指令(A)生成的圆弧的同时进行圆弧动作。

(5)机器人程序的位置数据(图 2.23)。

(6)机器人程序的速度单位(图 2.24)。

(7)机器人程序的定位类型(图 2.25)。

机器人程序语句编写可以先进行位置示教,然后添加运动指令;也可以先添加运动指令,再进行位置示教。指令和位置完成后,再根据情况修改语句的运动速度单位数值

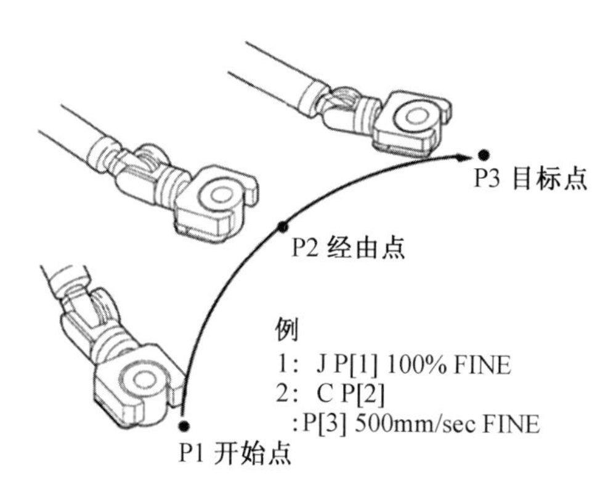

注：记录完 P[2] 后，会出现：

2：C P[2]

　　P[· · ·] 2000mm/sec FINE

将光移至 P[· · ·] 行前，并操作机器人至所需要的位置，按 SHIFT+F3 记录圆弧第三点。

图 2.21　圆弧动作

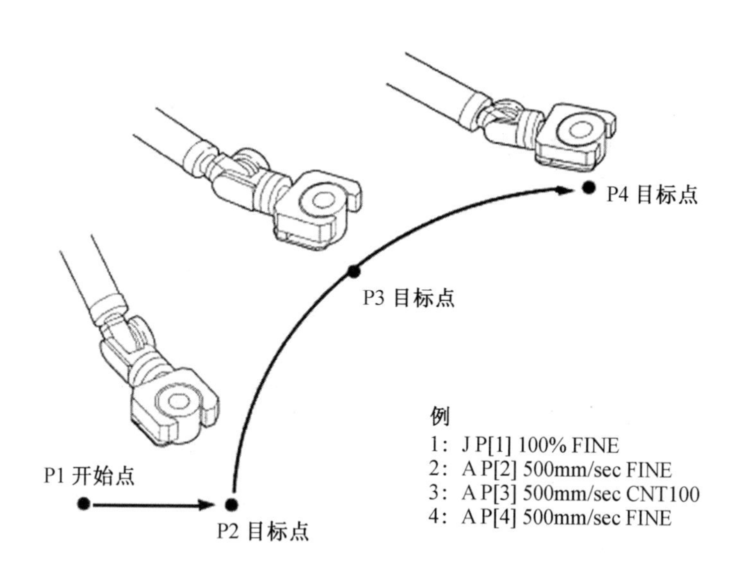

图 2.22　C 圆弧动作

P[　]:一般位置（1~1 500）

Eg：J P　[1]　100% FINE

PR[　] :位置寄存器（1~100）

Eg：J PR[1] 100% FINE

图 2.23　位置数据

对应不同的运动类型速度单位不同：

J：%，sec，msec

L、C：mm/sec，cm/min，inch/min，deg/sec，sec，msec

图 2.24　速度单位

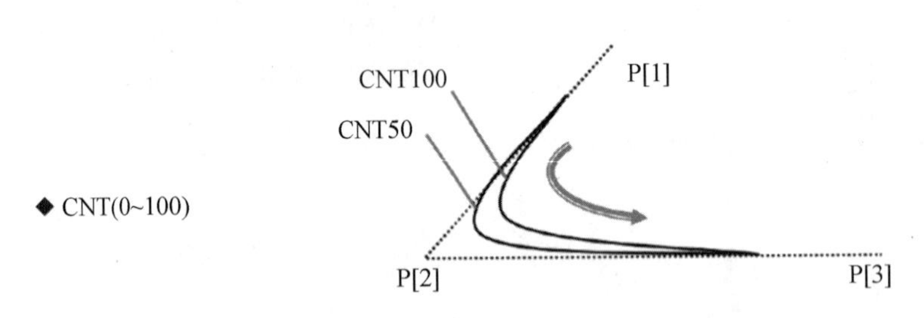

图 2.25　定位类型

和定位类型。

在程序语句里修改位置信息有以下 2 种方法。

(1)进入该程序编辑界面。

移动光标到需要修正的行号,移动机器人到达需要的位置。按下示教器上的 SHIFT 键再按 F5 键,当该行出现@符号,同时屏幕下方出现位置信息已更新时,即可完成位置修改。程序编辑界面如图 2.26 所示。

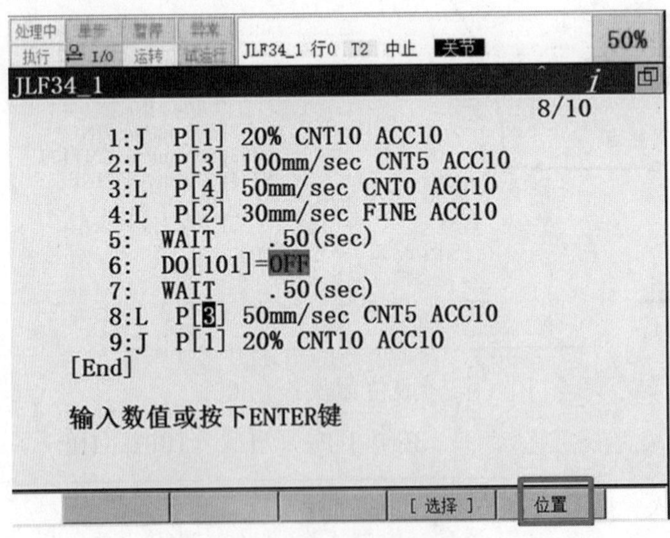

图 2.26　程序编辑界面

(2)直接写入数据修改位置点。

进入程序编辑界面,光标移动到需要修正的位置号处,按下 F5 键,显示位置数据菜单。再按下 F5 键可以切换位置数据类型(可以选择正交直角坐标系或者关节坐标系),

直接输入坐标值，再按 F4 键退出编辑界面。位置界面直角、关节坐标系分别如图 2.27、图 2.28 所示。

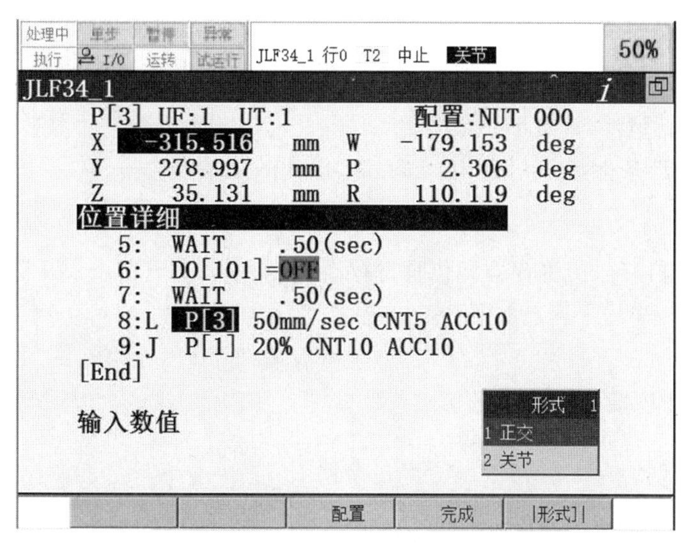

图 2.27　位置界面直角坐标系

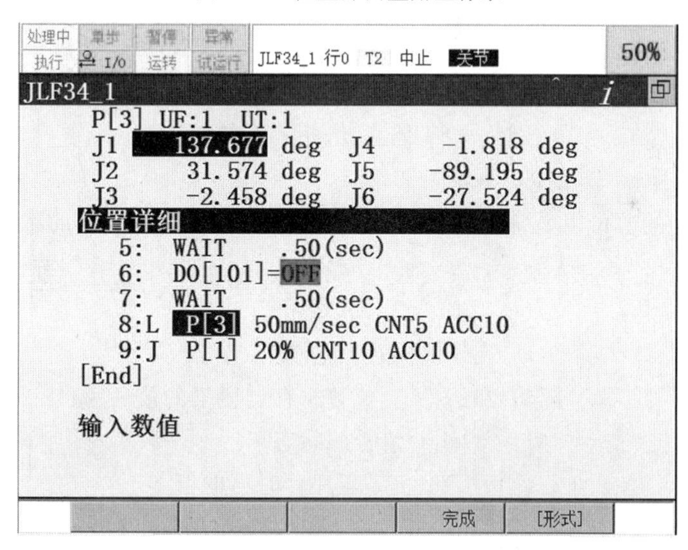

图 2.28　位置界面关节坐标系

三、机器人程序控制指令

常用的机器人程序控制指令有以下几种：

(1)寄存器指令 P[i]。

(2)I/O 指令。

(3)位置寄存器指令 PR[i]。

(4)程序调用指令 CALL。

(5)标签指令 LBL/跳转指令 JMP LBL。

(6)条件比较指令 IF。

(7)条件选择指令 SELECT。

(8)等待指令。

(9)循环指令 FOR/ENDFOR。

(10)位置补偿条件指令 OFFSET CONDITION PR[i]。

1. 寄存器指令 R[i]

常用的寄存器有数值寄存器和位置寄存器,它们支持"+""-""*""/"四则运算和多项式运算。

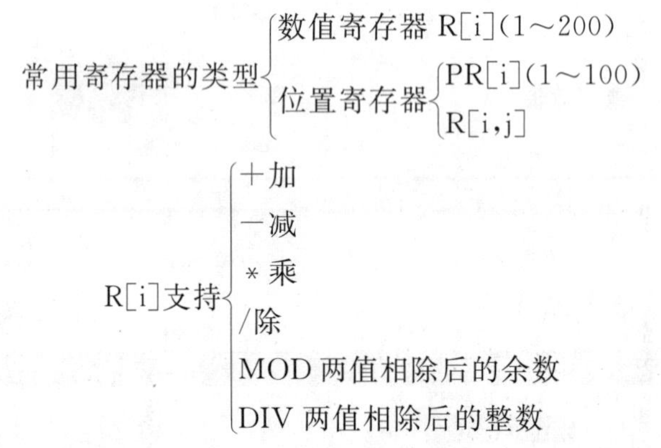

其中,i 为寄存器号,i=1,2,3,…。

寄存器 R[i]的值可以是常数、位置寄存器要素的值、DI[i]信号的状态、程序计时器的值等。

R[i]=
- Constant 常数
- R[i]寄存器的值
- PR[i,j]位置寄存器要素的值
- DI[i]信号的状态
- Timer[i]程序计时器的值

2. I/O 指令

(1)机器人 I/O 简介。

I/O 接口(input/output interface)指输入/输出设备接口 。I/O 信号可使用通用信号和专用信号在应用工具软件和外部之间进行数据的收发。通用信号(用户定义的信号)由程序控制,进行与外部设备之间的通信。专用信号(系统定义的信号)是用于特定用途的信号线。I/O 接口的作用为主机与外界交换信息,称为输入/输出。简而言之,I/O 是机器人与末端执行器、外部装置等系统的外围设备进行通信的接口。I/O 接口分类如图 2.29 所示。FANUC 机器人 I/O 分为通用 I/O 和专用 I/O,通用 I/O 指可以由用户自由定义而使用的 I/O。专用 I/O 指用途已经确定的 I/O 信号,一般由机器人配套系统占用，比如机器人操作面板等。

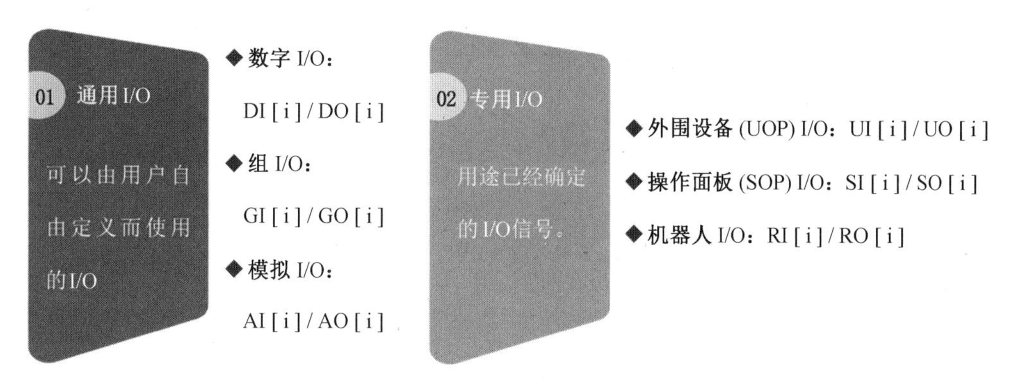

图 2.29　I/O 接口分类

数字 I/O(DI/DO)只有 2 个值：ON 和 OFF。也可用数字表示为 1 和 0。

组 I/O(GI/GO)将 2～16 条信号线作为 1 组进行定义。将多条信号线对应的二进制数字转化为十进制数字，即为组输入信号(GI[i])的值。将组输出信号(GO[i])的十进制数字转化为二进制数字，即为对应多条信号线的值。

机器人 I/O 作为末端执行器 I/O ，末端执行器 I/O 与机器人的手腕上所附带的连接器连接后使用。

外围设备(UOP)I/O 是外围设备控制机器人运行使用的 I/O，例如控制机器人程序运行、暂停等。I/O 接口分配如图 2.30 所示。

系统输入信号		系统输出信号	
UI[1]	IMSTP紧急停机信号（正常状态ON）	UO[1]	CMDENBL命令使能信号输出
UI[2]	Hold暂停信号（正常状态ON）	UO[2]	SYSRDY系统准备完毕输出
UI[3]	SFSPD安全速度信号（正常状态ON）	UO[3]	PROGRUN程序执行状态输出
UI[4]	Cycle stop周期停止信号	UO[4]	PAUSED程序暂停状态输出
UI[5]	Fault reset报警复位信号	UO[5]	HOLD暂停输出
UI[6]	Start启动信号（信号下降沿有效）	UO[6]	FAULT错误输出
UI[7]	Home回Home信号（需要设置宏程序）	UO[7]	ATPERCH机器人就位输出
UI[8]	Enable使能信号（正常状态ON）	UO[8]	TPENBL示教器使能输出
UI[9-16]	RSR1-RSR8机器人启动请求信号	UO[9]	BATALM电池报警输出
UI[9-16]	PNS1-PNS8程序号选择信号	UO[10]	Busy处理器忙输出
UI[17]	PNSTROBE PNS滤波信号	UO[11-18]	ACK1-ACK8当RSR输入信号被接收时，输出一个相应的脉冲信号
UI[18]	PROD_START自动操作开始（生产开始）信号（信号下降沿有效）	UO[11-18]	SNO1-SNO8该信号以8位二进制码表示当前选中的PNS程序号
		UO[19]	SNACK信号数确认输出
		UO[20]	Reserved预留信号

图 2.30　I/O 接口分配

(2)I/O 指令。

I/O 指令用于机器人程序监控外围设备状态,或者给外围设备发出指令,使外围设备配合机器人程序完成动作或者工艺流程。

在机器人程序中,常用的 I/O 指令中有 R I/O 、D I/O,例如图 2.31 所示程序。

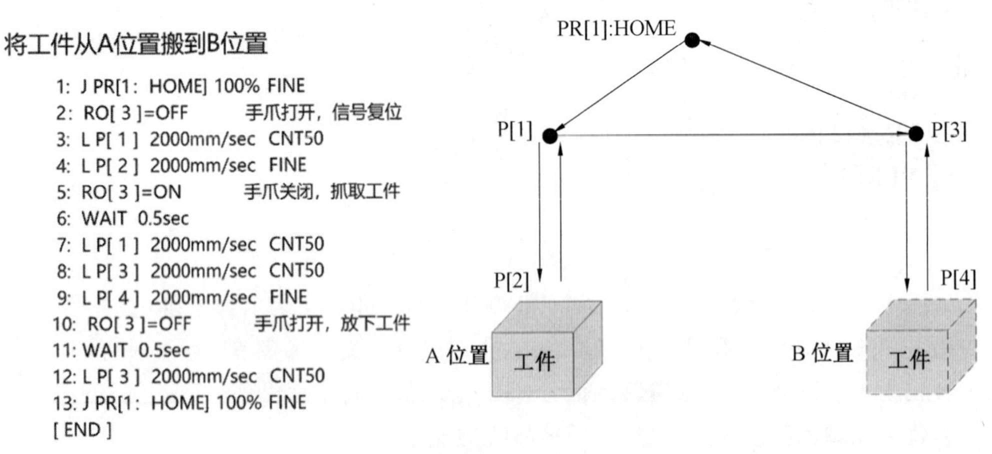

图 2.31 I/O 指令程序案例

3. 位置寄存器指令 PR[i]

位置寄存器的作用是记录机器人位置,可以在机器人编程的过程中使用位置寄存器。对于重复到达的位置,使用位置寄存器寄存可以很方便地重复调用,也可以通过位置寄存器的运算减少点位的示教。

位置寄存器 PR[i] {
PR[i] 位置寄存器是记录位置信息的寄存器,可以进行加减运算,
PR[i,j] 用法和寄存器类似,其中,i 为寄存器号,i=1,2,3,…
}

PR[i]= {
PR[i]位置寄存器的值
P[i]示教位置的值
LPOS 当前位置的直角坐标值
JPOS 当前位置的关节坐标值
UFRAME[i]用户坐标系的值
UTOOL[i]工具坐标系的值
}

以下是一个使用位置寄存器编程的案例。

案例:从机器人当前位置开始画出边长为 100 mm 的正方形轨迹,如图 2.32 所示。

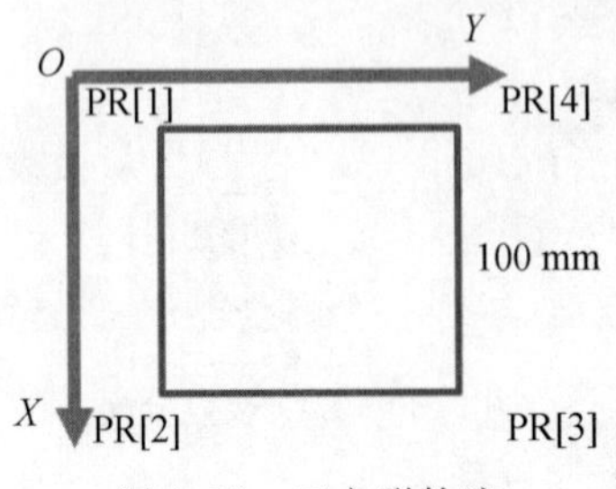

图 2.32 正方形轨迹

机器人程序：

```
1：PR[1]=LPOS            //把当前机器人所在的位置赋值到位置寄存器 PR[1]
2：PR[2]=PR[1]
3：PR[2,1]=PR[1,1]+100
4：PR[3]=PR[2]
5：PR[3,2]=PR[2,2]+100
6：PR[4]=PR[1]
7：PR[4,2]=PR[1,2]+100   //2～7 行，通过运算计算出正方形 3 个点的位置
8：J PR[1] 100% FINE
9：L PR[2] 2000mm/sec FINE
10：L PR[3] 2000mm/sec FINE
11：L PR[4] 2000mm/sec FINE
12：L PR[1] 2000mm/sec FINE
[END]
```

4. 程序调用指令 CALL

程序调用指令可以使程序的执行转移到其他程序(子程序)的第 1 行后执行该程序，需要注意被调用的程序执行结束时，会返回到主程序的程序调用指令后的行，继续执行子程序。

程序调用指令的格式为:CALL (program)，program:被调用程序名。程序调用指令如图 2.33 所示。

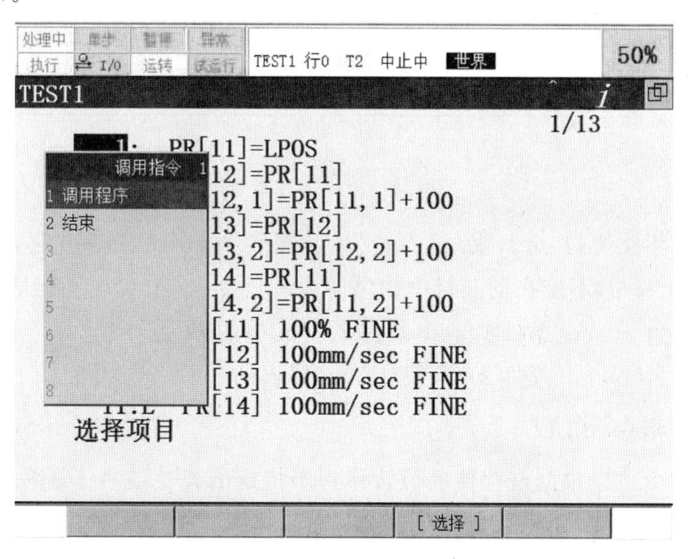

图 2.33　程序调用指令

5. 标签指令 LBL/跳转指令 JMP LBL

标签指令是用来表示程序的转移目的行的指令;跳转指令可以在程序运行时,跳转到指定的标签。在跳转指令中,还可以添加跳转的条件,比如 I/O 变化等。

(1)标签指令:LBL[i : comment]。

i 的取值范围为 1～32766,代表标签号;comment 为注释,最多 16 个字符。

(2)跳转指令:JMP LBL[i]。

i 的取值范围为 1～32766,代表需要跳转到的标签号。

无条件跳转:

JML LBL[10]

⋮

LBL[10]

有条件跳转:

IF ……,JML LBL[10]

⋮

LBL[10]

6. 条件比较指令 IF

条件比较指令用于若满足条件,则转移到指定的跳转指令或者子程序调用指令;若不满足,则进行下一条指令,如图 2.34 所示。

```
IF  (variable)  (operator)  (value),         (Processing)
      变量         运算符        值                 行为
      R[i]         > >=     Constant(常数)     JMP LBL[i]
      I/O          = <=        R[i]            CALL (program)
                   < <>        ON
                               OFF
```

图 2.34　条件比较指令

可以通过逻辑运算符"or"(或)和 "and"(与)将多个条件组合在一起,最多 5 个,但是"or"(或)和 "and"(与)不能在同一行中使用。

例如:IF(条件 1)and(条件 2)and(条件 3)是正确的。

IF(条件 1)and(条件 2)or(条件 3)是错误的。

7. 条件选择指令 SELECT

条件选择指令可以根据寄存器的值转移到所指定的标签或者子程序,需要注意只能用寄存器进行条件选择,如图 2.35 所示。

8. 等待指令

等待指令 WAIT 可以在所指定的时间或条件得到满足之前使程序处于待命状态。

等待指令可以通过逻辑运算符"or"(或)和"and"(与)将多个条件组合在一起,但是

```
SELECT R[1]=1, CALL TEST1        满足条件R[1]=1,调用TEST1程序
            =2, JMP LBL[1]       满足条件R[1]=2,跳转到标签1处
         ELSE, JMP LBL[2]        否则,跳转到标签2处
```

例如:

```
1:  J PR[1: HOME] 100%     FINE
2:  L P[ 1 ]  2000mm/sec      CNT50
3:  SELECT R[ 1 ]=1    , CALL   JOB1
4:                 =2, CALL   JOB2
5:                 =3, CALL   JOB3
6:                 ELSE, JMP LBL[ 10 ]
7:  L P[ 1 ]  2000mm/sec      CNT50
8:  J PR[1: HOME] 100%     FINE
9: END
10: LBL[ 10 ]
11: R[ 100 ]=R[ 100 ]+1
[ END ]
```

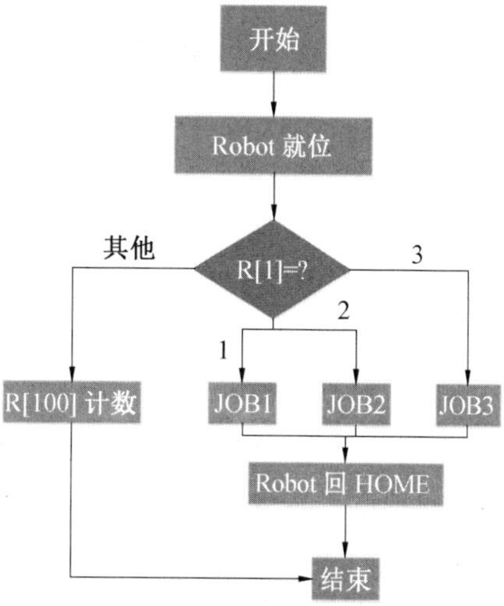

图 2.35　条件选择指令

"or"(或)和"and"(与)不能在同一行使用。

当程序在运行中遇到不满足条件的等待语句并需要人工干预时,按 FCTN(功能)键后,选择" RELEASE WAIT"(解除等待)跳过等待语句,并在下个语句处等待。

等待指令应用举例:

(1)程序等待指定时间。

WAIT 2.00sec　　//等待 2 s 后,程序继续往下执行

(2)程序等待指定信号,如果信号不满足,程序将一直处于等待状态。

WAIT DI[1]=ON　　//等待 DI[1]信号为 ON,否则,机器人程序一直停留在本行

(3)程序等待指定信号,如果信号在指定时间内不满足,则程序将跳转至标签,超时时间由参数 $WAITTMOUT 指定,参数指令在其他指令中。

$WAITTMOUT=200　　//超时时间为 2 s

WAIT DI[1]=ON　TIMEOUT,LBL[1]　//等待 DI[1]信号为 ON,若 2 s 内信号没有为 ON,则程序跳转至标签 1

9. 循环指令 FOR/ENDFOR

循环指令通过 FOR 指令和 ENDFOR 指令来包围需要循环区间的程序语句,根据 FOR 指令指定的值,确定循环次数。

FOR　R[i]=(初始值)TO(初始值)

FOR　R[i]=(初始值)DOWNTO(初始值)

初始值为 R[ ]或者常数,范围从-32767 到 32766 的整数。

例如，循环 5 次执行轨迹，如图 2.36 所示。

```
1:   FOR R[1]=1 TO 5
2:L  P[1] 100mm/sec FINE
3:L  P[2] 100mm/sec FINE
4:L  P[3] 100mm/sec FINE
5:   ENDFOR
[End]
```

```
1:   FOR R[1]=5 DOWNTO 1
2:L  P[1] 100mm/sec FINE
3:L  P[2] 100mm/sec FINE
4:L  P[3] 100mm/sec FINE
5:   ENDFOR
[End]
```

图 2.36　循环指令

10. 位置补偿条件指令 OFFSET CONDITION PR[i]

位置补偿条件指令（位置补偿指令）又可以称为位置偏移指令（偏移条件指令），通过此指令可以将原有的点偏移，偏移量由位置寄存器决定。偏移条件指令一直有效到程序运行结束或者下一个偏移条件指令被执行（注：偏移条件指令只对包含附加运动指令 OFFSET（偏移）的运动语句有效）。位置补偿条件指令如图 2.37 所示。

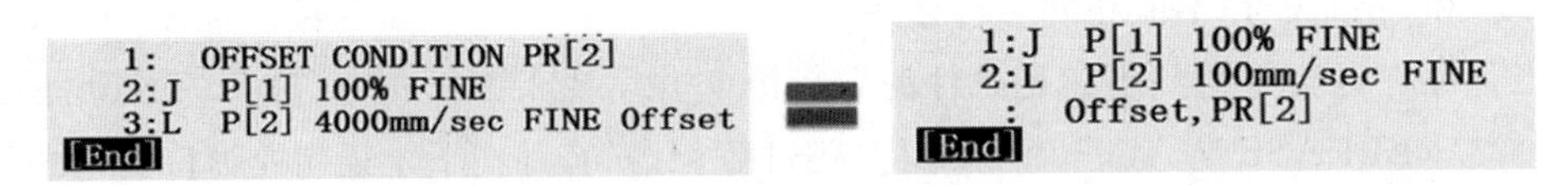

图 2.37　位置补偿条件指令

位置补偿条件指令程序案例如图 2.38 所示。

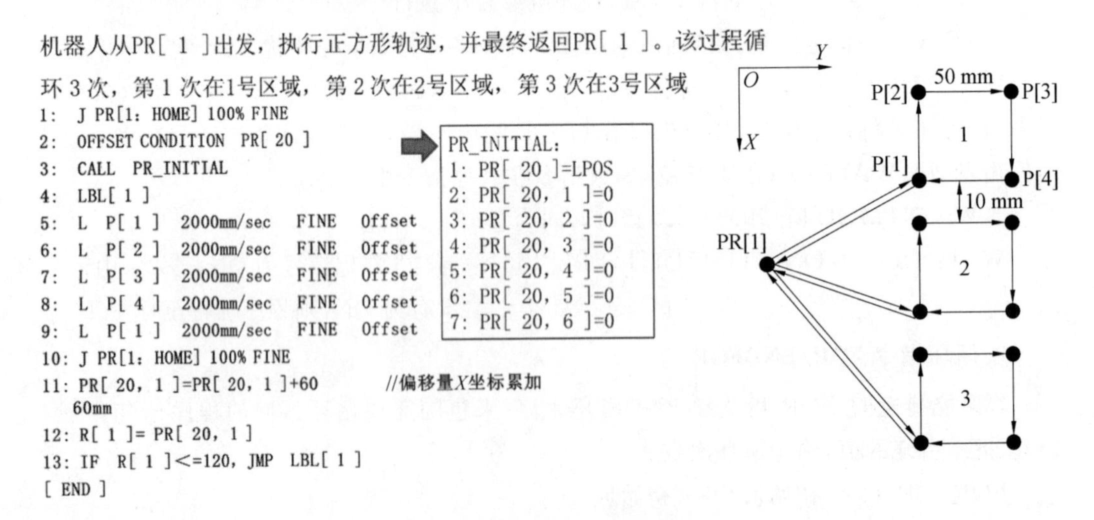

图 2.38　位置补偿条件指令程序案例

四、机器人程序执行

机器人程序运行分为自动执行和手动执行。手动执行是指通过示教器启动执行，自动执行是指通过外部信号进行选择程序和执行的方式。

1. 手动执行

机器人手动执行程序有3种方式，分别是示教器启动顺序单步执行、示教器启动顺序连续执行和示教器启动逆序单步执行。

(1)顺序单步执行(图2.39)。

①将控制柜模式开关置为T1/T2条件下。

②按住DEAD MAN键。

③把TP开关打到“ON”状态。

④移动光标到要开始执行的指令行处。

⑤按STEP(单步)键，确认STEP(单步)指示灯亮。

⑥按住SHIFT键，每按一下FWD键执行一行指令。

程序运行完，机器人停止运动。

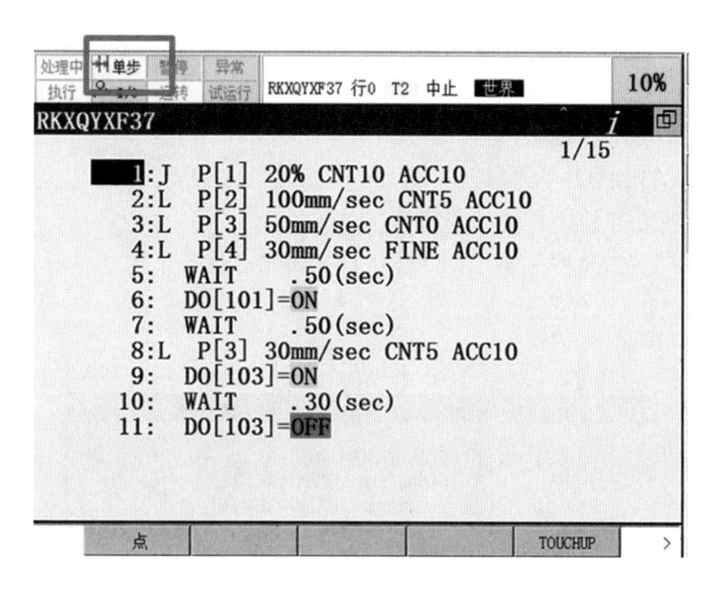

图2.39　顺序单步执行

(2)顺序连续执行(图2.40)。

①将控制柜模式开关置为T1/T2条件下。

②按住DEAD MAN键。

③把TP开关打到“ON”(开)状态。

④移动光标到要开始执行的指令行处。

⑤确认STEP(单步)指示灯不是亮的，若指示灯是亮的，按STEP键切换状态。

⑥按住 SHIFT 键，再按一下 FWD 键开始执行程序。

程序运行完，机器人停止运动。

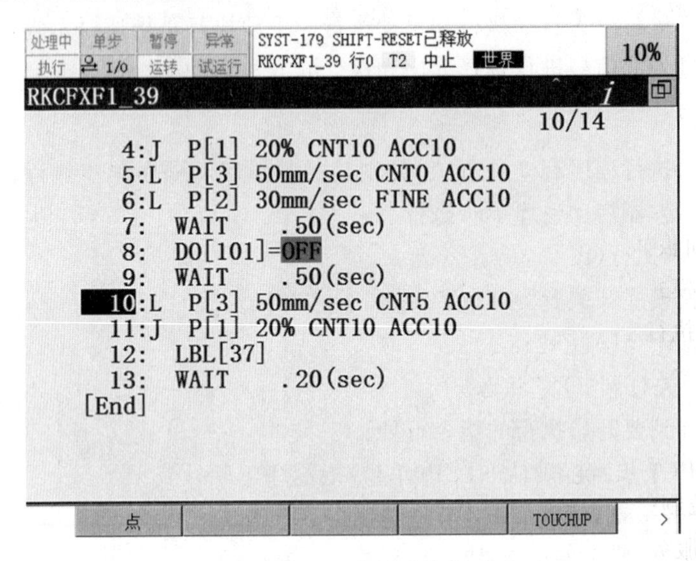

图 2.40 顺序连续执行

(3)逆序单步执行(图 2.41)。

①将控制柜模式开关置为 T1/T2 条件下。

②按住 DEAD MAN 键。

③把 TP 开关打到“ON”状态。

④移动光标到要开始执行的指令行处。

⑤按住 SHIFT 键，每按一下 BWD 键执行一条指令。

程序运行完，机器人停止运动。

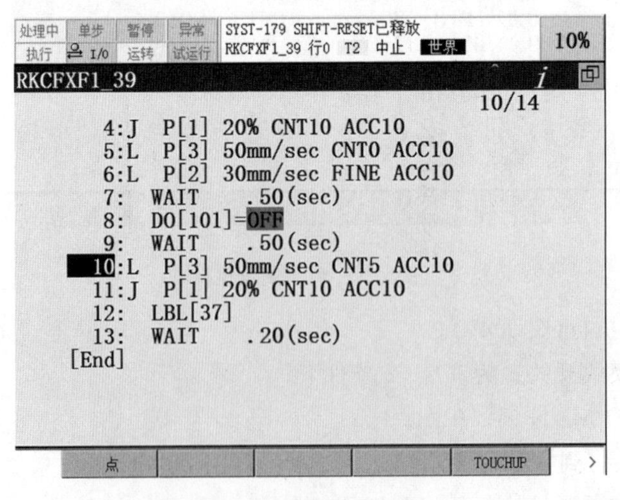

图 2.41 逆序单步执行

2.自动执行

机器人自动执行有2种方式，分别是操作面板执行和远端控制执行，如图2.42所示。

方式一：操作面板执行
方式二：远端控制执行
- 自动运行方式：RSR
- 自动运行方式：PNS

图2.42　自动执行方式

(1)操作面板执行。

①控制柜模式开关置为AUTO挡。

②非单步执行状态。

③UI[1]、UI[2]、UI[3]、UI[8]信号为ON。

④示教器处于“OFF”状态。

⑤自动模式为Local(本地控制)。

(2)远端控制执行。

①机器人服务请求方式RSR(robot service request)。

通过机器人服务请求信号(RSR1～RSR8)选择和开始程序。在这种方式下，当一个程序正在执行或者暂停时，被选择的程序处于等待状态，一旦原先的程序结束，就开始运行被选择的程序，而且最多只能执行8个程序。

RSR自动执行方式对程序的命名有要求：程序名必须为7位；由RSR＋4位程序号组成；程序号＝RSR记录号＋基数。服务请求方式如图2.43所示。

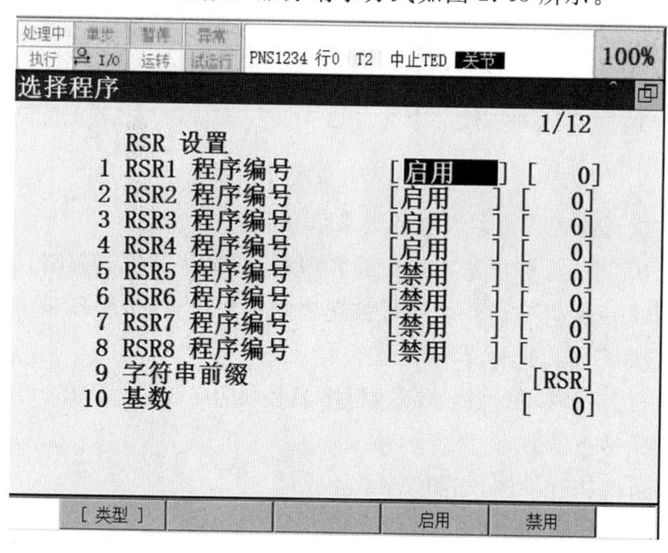

图2.43　服务请求方式

a. RSR程序启动执行举例，如图2.44所示。

b. RSR方式执行设置，如图2.45所示。

图 2.44　RSR 程序启动执行

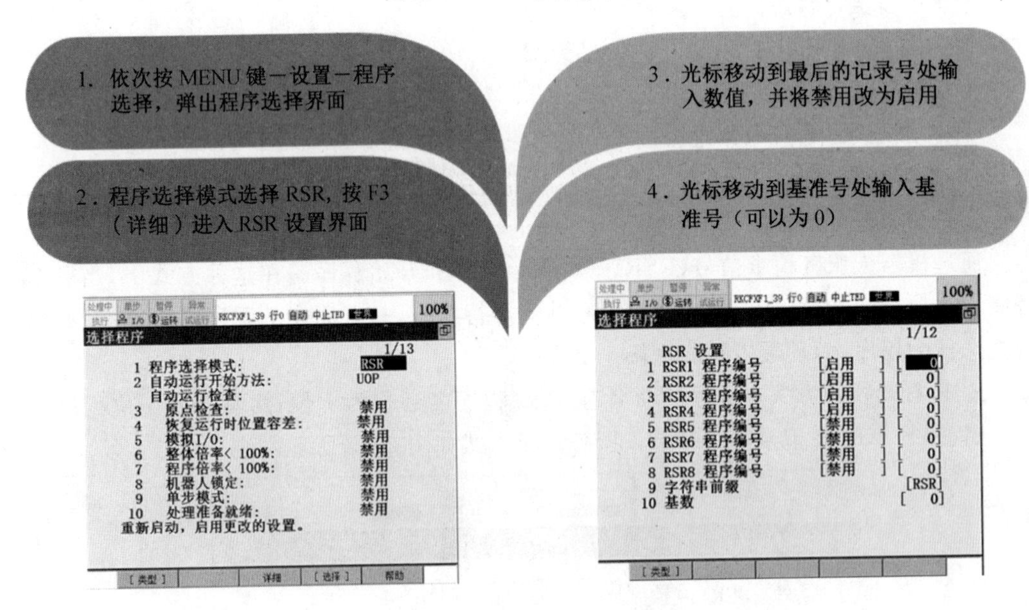

图 2.45　RSR 方式执行设置

②PNS 自动执行方式指机器人服务请求信号启动。

在这种模式下，当一个程序正在执行或者中断时，这些信号被忽略；自动开始操作信号(PROD_START)：从第一行开始执行被选中的程序，当一个程序被中断或执行时，这个信号不被接收；最多可以选择 255 个程序。

PNS 自动执行方式程序名命名要求：程序名必须为 7 位；由 PNS＋4 位程序号组成；程序号＝PNS 记录号＋基数。

a. PNS 程序启动执行举例，如图 2.46 所示。

b. PNS 方式执行设置，如图 2.47 所示。

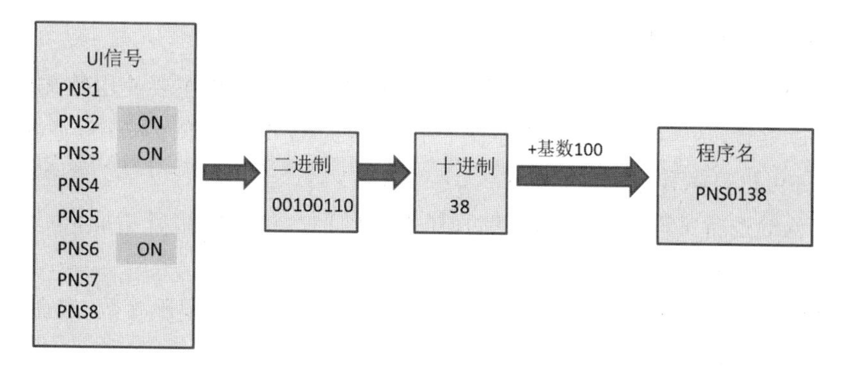

图 2.46　PNS 程序启动执行

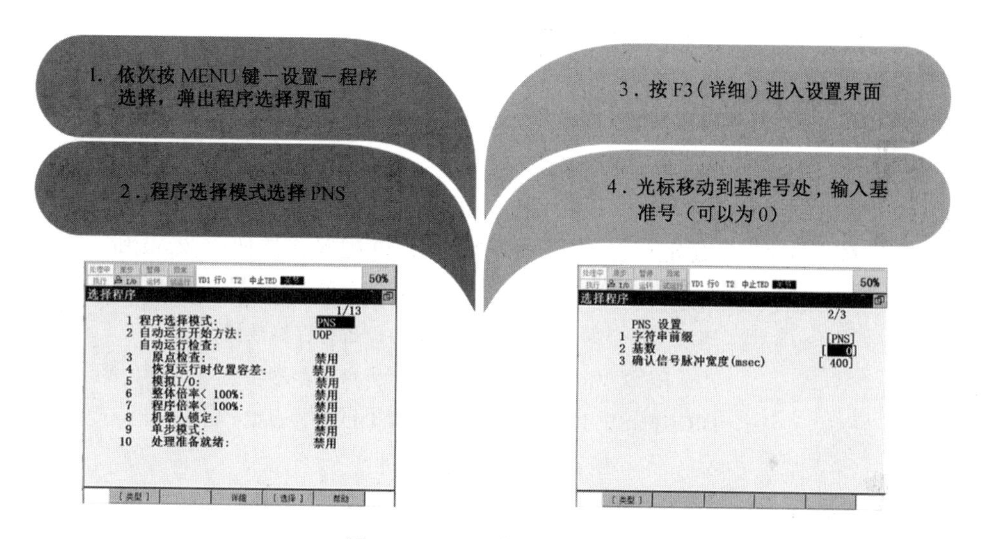

图 2.47　PNS 方式执行设置

五、机器人系统、程序备份与加载

1. 机器人文件存储

机器人有 FROM 闪存、SRAM 静态随机存储器、CPU 卡上 DRAM 动态随机存储器 3 种存储区。文件存储作用如图 2.48 所示。

主板存储区域：
- **FROM 闪存**
  - 保存系统安装的软件，断电后数据不会丢失
- **SRAM 静态随机存储器**
  - 保存文件（生产程序、系统设置等），断电后数据会丢失
  - 主板会有电池持续供电
- **CPU 卡上 DRAM 动态随机存储器**
  - 启动时，从 FROM 装载系统软件，关机断电会丢失类似内存，不做备份

图 2.48　文件存储作用

2. 机器人的文件类型

文件是数据在机器人控制柜存储器内的存储单元。控制柜主要使用的文件类型有：

(1)程序文件(＊.TP)，被自动存储于控制器的 CMOS(SRAM)中，通过 TP 上的 SELECT 键可以显示程序文件目录。

(2)默认的逻辑文件(＊.DF)，存储程序编辑画面上的分配给各功能键(F1～F4 键)的标准指令语句的设定。

(3)系统文件(＊.SV)，用来保持系统设置，比如坐标数据、伺服参数、宏命令设置等，主要有以下文件，如图 2.49 所示。

SYSVARS.SV　用来保存坐标、参考点、关节运动范围、抱闸控制等相关变量的设置

SYSSERVO.SV　用来保存伺服参数

SYSMAST.SV　用来保存 Mastering 数据

SYSMACRO.SV　用来保存系统宏命令设置

FRAMEVAR.SV　用来保存框架变量的设置

图 2.49　系统文件

(4)I/O 配置文件，保存寄存器、I/O 配置数据，I/O 配置文件如图 2.50 所示。

NUNREG.VR　用来保存寄存器数据

POSREG.VR　用来保存位置寄存器数据

PALREG.VR　用来保存码垛寄存器数据

DIOCFGSV.IO　用来保存 I/O 配置数据

图 2.50　I/O 配置文件

3. 备份与加载

文件备份如图 2.51 所示。

文件备份(SRAM)定期备份
- 一般模式下的备份/加载
- 控制启动模式下的备份/加载

镜像备份(FROM＋SRAM)
备份的都是.IMG 的压缩包
系统升级、重新装机备份
- 一般模式下 Image 备份
- 控制启动模式下 Image 备份
- Boot Monitor 模式下 Image 备份/加载

图 2.51　文件备份

不同模式下备份与加载的区别，见表 2.1。

表 2.1　备份与加载

模式	备份	加载
一般模式下的备份/加载	1. 文件的一种类型或全部备份(backup) 2. Image 备份(R－J3iC/R－30iA/R－30iB)	单个文件加载(load) 注：写保护文件不能被加载 处于编辑状态的文件不能被加载 部分系统文件不能被加载

续表2.1

模式	备份	加载
控制启动（controlled start）模式下的备份/加载	1. 文件的一种类型或全部备份（backup） 2. Image 备份 （R－J3iC/R－30iA/R－30iB）	1. 单个文件加载（load） 2. 一种类型或全部文件加载（restore） 注：写保护文件不能被加载 处于编辑状态的文件不能被加载
Boot Monitor 模式下的备份/加载	文件及应用系统的备份（image backup）	文件及应用系统的加载（image restore）

（1）一般模式下的备份步骤，如图 2.52 所示。

①选择备份的设备。

②格式化存储卡（可选）。

③建立备份文件夹。

④进入文件夹选择备份。

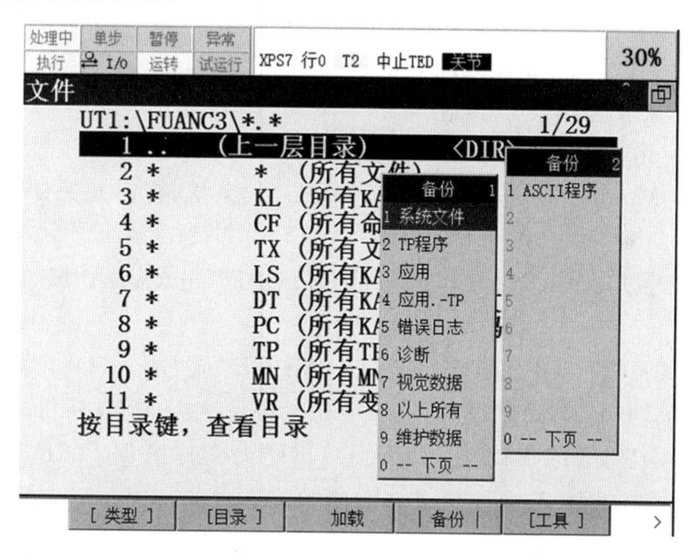

图 2.52　备份步骤

（2）一般模式下的加载步骤，如图 2.53 所示。

①找到要加载的文件。

②选择“加载”。

③确认加载。

（3）控制启动（controlled start）模式下备份/加载。

①进入控制启动模式。在机器人启动时，同时按住 PREV（前一页）键＋NEXT（下一页）键，开机，直到出现 CONFIGURATION MENU 菜单，可以松开，选择 CONTROLLED START 键。

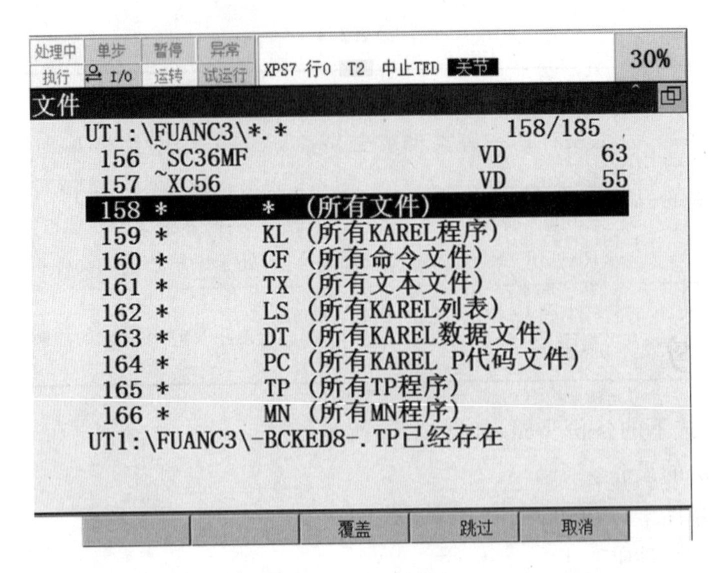

图 2.53 加载步骤

②进入备份加载菜单，MENU 键→“File”→FCTN 键→“RESTORE/BACKUP”。

③退出控制启动模式。依次选择 FCTN 键→“START(COLD)”(冷开机)进入一般模式，机器人可以正常操作。

(4)Boot Monitor 模式下的备份/加载。

①进入 Boot Monitor 模式，同时按住 F1+F5 键，开机，直到出现 BMON MENU 菜单。

②选择“CONTROLLER BACKUP/RESTORE”进入 BACKUP / RESTORE MENU 界面。

③选择“BACKUP CONTROLLER AS IMAGE”或“RESTORE CONTROLLER IMAGE”进入 DEVICE SELECTION 界面→选择备份设备→确认备份。

④备份完毕，显示 PRESS ENTER TO RETURN；按 ENTER(回车)键，进入 BMON MENU 菜单界面；关机重启，进入一般模式界面。

第3章　控制工程基础

实验一　惯性环节时域特性模拟实验

惯性环节时域特性模拟实验毕业要求指标点

项目	内容
掌握经典控制理论基本知识	能够基于自动控制原理，通过文献研究及相关方法，运用控制原理的相关知识和方法针对工程问题设计控制系统的实验方案，并进行实验
能够运用自动控制原理的相关知识	在实验方案的基础上，根据实验要求实施实验，记录响应波形及相关的实验数据，通过实验获得准确的实验数据
能够针对复杂的机械工程问题进行文献查询、获取信息、模拟仿真、分析、计算和设计	运用相应的理论分析方法，对实验数据进行分析和信息综合，并得出正确结论

在工程中，对控制系统的研究分析不仅需要理论分析计算，还需要用实验的方法进行分析和验证，因为理论计算是建立在完全理想状态下的。实际上，完全理想状态的真值是不可能获取的，都是假设为真值状态，所以最终还需要用实验的方法来分析、验证系统的实际特性。所以掌握实验原理和实验方法是极其重要的。分析系统有2种方法：一是时间响应法；二是频率响应法。2种方法的目的是一致的，只是从2个不同的侧面来分析系统的性能。本实验通过实验的名称就可以知道是时域（时间响应）分析。本实验可以使同学们掌握典型环节和系统。

一、实验目的

（1）了解惯性环节在阶跃信号作用下的过渡过程和特征参数对过渡过程的影响，增强对惯性环节时域特性的认识和掌握。

（2）了解控制系统模拟装置的组成及其工作原理。

（3）学会控制系统时域特性测试的方法。

二、实验原理及模拟电路

实验教学一般都是在模拟实验装置上进行的，而不便在实际系统上进行，是因为在实际系统上进行教学实验时，系统参数不便于调整和改变，而且模拟比较麻烦，如实际的液压系统、机械系统、机电结合系统等元件参数不易调整；另外，在模拟装置上进行教学实验，不仅能方便地调整系统参数，还能获得多种状态下的响应规律信息，输出的响应波形清晰稳定，数据准确易读，易于观看和分析。所以本书也选择在模拟实验装置上进行。本实验装置由运算放大器、电阻、电容等组成。实验时，可以很方便地调整参数，如调整电容、电阻等。在模拟装置上进行实验时，应该了解此装置的组成和元件的原理。

1. 模拟电路的基本组成单元

模拟电路中最基本的组成单元是积分器和加法器。

(1)积分器。

积分器模拟系统中的积分环节，如图 3.1(a)所示，积分器的输出为

$$e_0=-\frac{1}{c}\int_0^t \frac{e_i}{R}\mathrm{d}t=-\frac{1}{RC}\int_0^t e_i\,\mathrm{d}t$$

它的传递函数为

$$G(s)=\frac{E_0(s)}{E_i(s)}=-\frac{1}{RCs}=\frac{1}{Ts}$$

式中，$T=RC$。

若 $R=100\ \mathrm{k\Omega}$，$C=10\ \mu\mathrm{f}$，则 $T=100\times 1\,000\times 10\times 10^{-6}=1(\mathrm{s})$。

(2)加法器。

加法器如图 3.1(b)所示，其输出为

$$e_0=-\left(\frac{e_1}{R_1}+\frac{e_2}{R_2}+\frac{e_3}{R_3}\right)R_f=-\left(\frac{R_f}{R_1}\right)e_1-\left(\frac{R_f}{R_2}\right)e_2-\left(\frac{R_f}{R_3}\right)e_3$$

所以加法器是实现 e_1、e_2、e_3 按比例相加的电子电路。当 e_3、e_2 都为零时，$e_0=-\left(\frac{R_f}{R_1}\right)e_1$，所以加法器可以模拟系统中的比例环节，或者在系统中起一个反相器的作用。

2. 惯性环节的微分方程

(1) $Tx_0'(t)+x_0(t)=x_i(t)$。

(2)传递函数。

$$G(s)=\frac{X_0(s)}{X_i(s)}=\frac{1}{Ts+1}$$

(3)模拟实验电路。

实验电路是根据传递函数，利用传递函数等效变换原理，对一阶惯性环节的传递函数进行细化变换，从而得到一阶系统传递函数框图，再根据传递函数框图选择元件单元进行连接，过程如下。

反馈环节总的传递函数为

$$G(s)=\frac{G_1(s)}{1+G_1(s)H(s)}$$

由传递函数等效变换可得

$$G(s)=\frac{1}{Ts+1}=\frac{\frac{1}{Ts}}{1+\frac{1}{Ts}\times 1}$$

由上式可知，惯性环节是由单位负反馈包围积分环节所构成，传递函数框图如图 3.1(b)所示，由此可知惯性环节的模拟电路可由一个积分器和一个加法器组成，模拟实验电路如图 3.1(a)所示。传递函数框图中，$T=RC$ 为时间常数，若 $R=100\ \text{k}\Omega$，$C=10\ \mu\text{f}$，则 $T=RC=100\times 1\ 000\times 10\times 10^{-6}=1(\text{s})$。

实验的原理就是给系统输入一个阶跃信号，观测系统的响应，改变和调整系统的参数(时间常数 T)，观测系统响应随参数变化而变化的规律，由此分析和掌握系统参数对系统响应的影响。

三、实验仪器

(1)自动控制系统教学模拟机 KJ82－3A。

(2)超低频示波器 TD4652。

(3)万用表和连接插线。

四、实验方案

模拟实验电路图如图 3.1 所示，实验系统框图如图 3.2 所示。

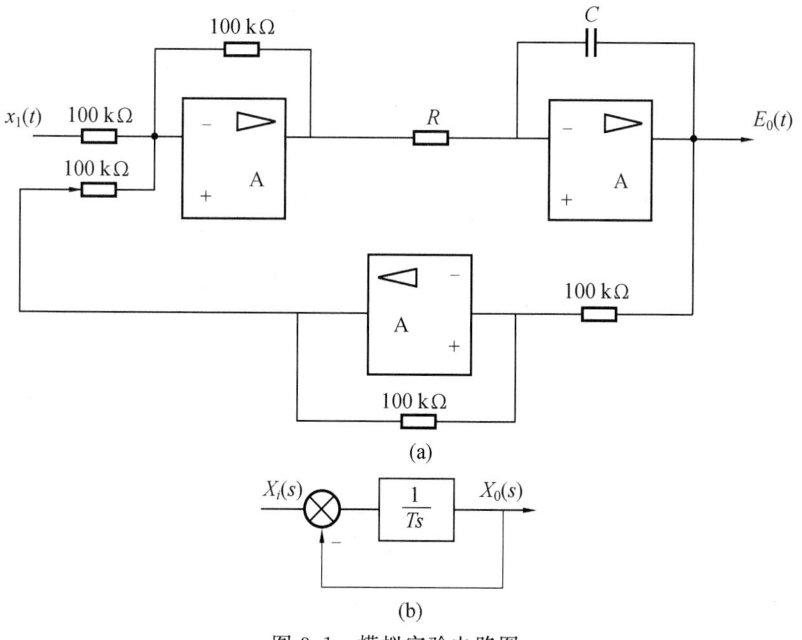

图 3.1　模拟实验电路图

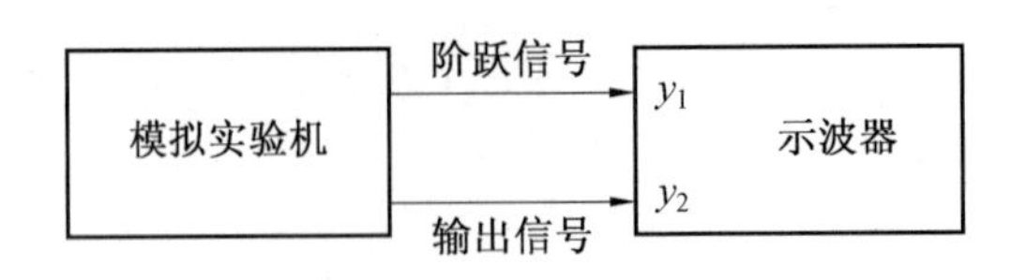

图 3.2　实验系统框图

五、实验步骤

(1)在模拟实验机上按照图 3.2 所示组接实验电路并组接好实验系统，检查无误后，开启示波器、模拟机电源。

(2)将模拟机上的阶跃信号源接入示波器，示波器的幅值旋钮置 1 V/DIV 位置，频率扫描旋钮放置在 0.1 s 的位置，扫描微调旋钮旋至最右端。观察其幅值大小并进行适当调整(最好将幅值调整为 10 个小格)，然后将阶跃信号源接到惯性环节的输入端，惯性环节的输出端接入示波器。

(3)合上阶跃信号开关，即给系统输入阶跃信号，同时在示波器上观察系统阶跃响应信号的位置和幅值是否合适，调整好后进行下一个步骤的实验。

(4)按表 3.1 所示，分别调整实验电路中的 R 或 C 为不同值，即改变系统的时间常数 T 值，观测在不同时间常数下系统响应波形的变化规律，并将响应规律波形一一记录在表 3.1 中，实验中要求至少改变 3 次 T 值，即观测 3 种参数状态下的响应过程。

(5)在上述几种状态中，选择理论时间常数 $T_{理论}=1$ s 时的系统，输入阶跃信号测取系统的实际时间常数 $T_{实测}$，并将此实测值与理论值比较，分析误差原因。测试的方法是在示波器上观察响应波形随时间的变化，示波器的纵坐标是幅值，横坐标是时间，时间坐标值根据示波器的扫描旋钮的位置确定，系统的阶跃响应波形随时间逐渐上升，当响应幅值上升到输入值(输出稳态值)的 63.20%时，所对应的时间 $T_{实测}$ 即为所测值，测试的方法见本指导书 P50 六(5)利用示波器测量时间和幅值的方法。

表 3.1　实验数据记录

序号	R/kΩ	C/μf	$T_{理论}$/s	$T_{实测}$/s	单位阶跃响应曲线
1	100	0.33	0.033		
2	100	1	0.1		
3	100	10	1		

六、思考题

一阶惯性环节在什么条件下可视为积分环节，在什么条件下可视为比例环节？

实验二　二阶系统时域特性模拟实验

二阶系统时域特性模拟实验毕业要求指标点

项目	内容
掌握经典控制理论基本知识	能够基于自动控制原理，通过文献研究及相关方法，运用控制原理的相关知识和方法针对工程问题设计控制系统的实验方案，并进行实验
能够分析控制系统组成，能够运用自动控制原理的相关知识	在实验方案的基础上，根据实验要求实施实验，记录响应波形及相关的实验数据，通过实验获得准确的实验数据
能够针对复杂的机械工程问题进行文献查询、获取信息、模拟仿真、分析、计算和设计	运用相应的理论分析方法，对实验数据进行分析和信息综合，并得出正确结论

一、实验目的

(1)了解二阶系统在阶跃信号作用下的响应过程，以及系统特性参数对该响应过程的影响，增强对二阶系统时域特性的认识。

(2)掌握二阶系统时域特性的测试方法。

(3)了解控制系统模拟装置的组成及其工作原理。

二、实验原理和实验电路

在实验电路中，$T=R_1C$ 为时间常数，改变 R_1 或 C 均可得到不同的时间常数，如电阻 $R_1=100\ \mathrm{k\Omega}$、$C=1\ \mu\mathrm{f}$ 时，$T=RC=100\times1\ 000\times1\times10^{-6}=0.1(\mathrm{s})$，系统中的阻尼比 ζ 由电位器 W 来模拟(或由 R_0 和 W 综合来模拟)，调整电位器 W 可得到不同的阻尼比 ζ。

注明：实验电路中，A4 和 W 为什么接在 A3 之后，而不接在 A2 之前？这是为了改变正负，所以接在 A3 之前，从图 3.3(a)看应接在 A2 之前，但接在此构成负反馈，是为了达到构成负反馈的目的。

三、实验仪器

(1)KJ82－3A 自动控制系统模拟实验机。

(2)TD4652 超低频示波器。

(3)万用表。

四、实验内容

(1)观测系统时间常数对系统响应的影响,即先确定一个阻尼比 ζ 值并保持不变,分别改变系统的时间常数 T,观测系统响应波形随时间常数 T 变化时的变化规律。

(2)观测系统阻尼对系统响应的影响,即确定系统时间常数 T 为一确定值,并保持不变,再分别改变系统阻尼比 ζ 值,输入幅值相同的阶跃信号,分别观测不同阻尼状态下系统输出波形随阻尼比 ζ 不同值的变化规律。

(3)用实验方法求出系统在某一种参数状态下的实际阻尼比 ζ 大小并和理论值比较,分析误差的原因。建议根据响应曲线②中的 M_p,求出系统的实际阻尼比 ζ 值。

(4)根据实验现象和阶跃响应曲线,分析系统特征参数 ζ、T 对系统响应参数 M_p、t_p 的影响规律。参见表 3.2,比较①②③、②④⑤状态的响应曲线,分析 M_p、t_p 与系统特征参数 ζ、T 之间的关系。根据响应曲线②中的 M_p,求出系统的实际阻尼比 ζ 值,并与理论值比较,分析产生误差的因素。

表 3.2 实验内容表

$T=RC$	ζ			
	0.2	0.5	0.9～1	阶跃响应曲线
$R=100\ \text{k}\Omega, C=1\ \mu\text{f}$	①			
$R=100\ \text{k}\Omega, C=0.33\ \mu\text{f}$	②	④	⑤	
$R=100\ \text{k}\Omega, C=0.1\ \mu\text{f}$	③			

五、实验步骤

(1)在模拟实验机上,按照设计好的实验电路图(图 3.3)接好二阶系统实验电路。

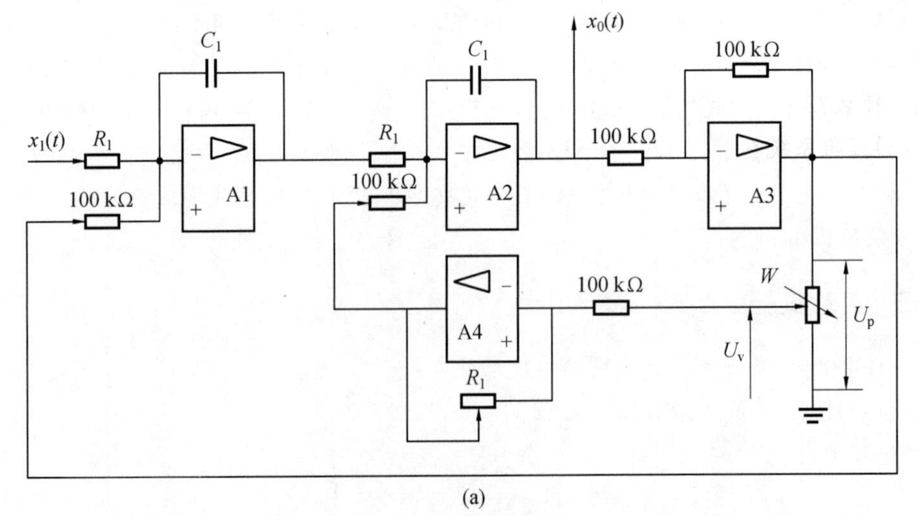

(a)

图 3.3 实验电路图

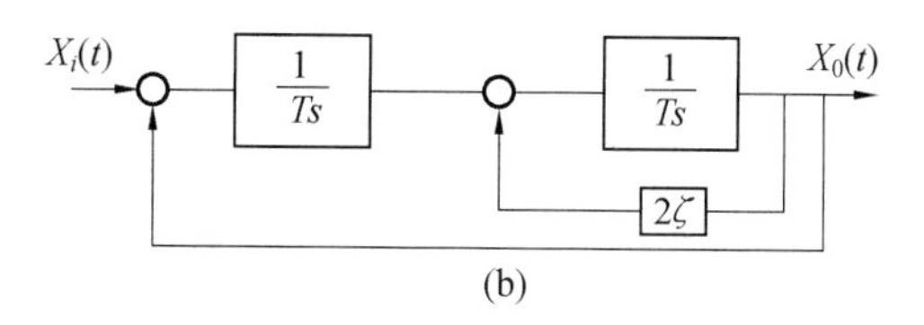

(b)

续图 3.3

(2)按图 3.3 所示组接好实验系统,检查无误后,启动电源(示波器、模拟机电源)。

(3)查看阶跃信号源:将模拟实验机上的阶跃信号源接入示波器,合上阶跃信号输入开关,在示波器上观察阶跃信号幅值的大小并适当调整(调整到 10 个小格)。

(4)然后将阶跃信号接到二阶系统的输入端,系统的输出端接入示波器,示波器的幅值旋钮和扫描旋钮选择适当位置,合上阶跃信号开关,再次观察系统的阶跃响应信号波形在示波器上的位置和幅值是否合适,如不适合调整示波器的幅值旋钮,直到满意后进行下一个步骤的实验。

(5)按照实验内容,先保持阻尼比不变,分别调整 R 或 C,即改变系统的时间常数 T(实验时应尽量选择 T_1 和 T_2 相等),分别观测不同时间常数状态下系统响应波形的变化规律,并将此响应规律波形记录下来。

(6)选择系统的时间常数并保持不变,再调整系统的电位器 W,即调整系统的阻尼比 ζ 分别在 0.2、0.5 和 0.9～1,输入阶跃信号,在示波器上观测系统响应(即过渡过程)波形变化规律,并将此响应规律波形记录下来。

(7)选定一组系统参数(T、ζ)并保持不变,如 $\zeta=0.2$,$T=0.033$ s,输入阶跃信号,测取并记录系统响应的 M_p 值,根据 M_p 求出此状态下系统的实测阻尼比(实测阻尼比求取方法见 P49 六(3)求取系统的实测阻尼比)。

(8)实验完毕,关闭电源,拆除连线。

六、思考题

(1)在实验中系统输出 $y(t)$的稳定值不等于阶跃输入函数 $x(t)$的幅值,其主要原因可能是什么?

(2)二阶系统在什么情况下不稳定?

实验三　二阶系统频率特性模拟实验

二阶系统频率特性模拟实验毕业设计指标点

项目	内容
掌握经典控制理论基本知识，能够分析系统的组成及工作原理，对复杂机械工程问题进行分析、建模	能够基于自动控制原理，通过文献研究及相关方法，运用控制原理的相关知识和方法针对工程问题设计控制系统的实验方案，并进行实验
能够运用自动控制原理的相关知识	在实验方案的基础上，根据实验要求实施实验，记录响应波形及相关的实验数据，通过实验获得准确的实验数据
能够针对复杂的机械工程问题进行文献查询、获取信息、模拟仿真、分析、计算和设计	运用相应的理论分析方法，对实验数据进行分析和信息综合，并得出正确结论

在研究分析系统时，有时间分析法和频率分析法 2 种方法，因此响应实验就有时间响应实验和频率响应实验，这两种方法的目的都是一致的，只是从两个不同侧面进行分析。时间响应是给系统输入一个时间信号，观测系统的响应随时间变化而变化的规律；频率响应是给系统输入频率变化的信号，观测系统响应随输入信号频率变化而变化的规律。时间响应实验我们已经接触了，现在做频率响应实验，这个实验可以让同学们了解和掌握系统在输入频率信号的作用下系统的响应规律，为今后研究和分析系统打下基础。

一、实验目的

(1)通过设计一个二阶系统电路图，掌握二阶系统频率响应特性的测试方法。

(2)了解系统特性参数对系统响应特性的影响。

二、实验仪器

(1)KJ82－3A 自动控制系统模拟实验机。

(2)TD4652 超低频示波器。

(3)TD1630A 函数信号发生器。

(4)万用表。

三、实验的内容和测量方法

幅频特性是系统在正弦信号作用下的响应特性，测量方法是给系统输入正弦信号，保持正弦信号的幅值为一定值，仅改变信号的频率，观测系统输出幅值随正弦信号频率变化而变化的情况。将幅值随频率变化的规律绘制成 $A-\omega$ 曲线，此曲线即是系统的幅频特性曲线。

四、模拟实验电路

(1)传递函数。

$$G(s)=\frac{X_0(s)}{X_i(s)}=\frac{1}{T^2s^2+2\zeta Ts+1}$$

(2)根据设计好的模拟实验电路,绘制实验电路图,经确认后进行下一步实验。

五、实验步骤

(1)按设计好的电路选择好系统各参数,组接实验系统电路。

建议:$T=T_1=T_2=100\ \text{k}\Omega\times0.33\ \mu\text{f},\zeta=0.2,A_3=1,A_4=2$。

(2)按实验框图将示波器、模拟实验机(实验系统)、信号发生器连接好,即将正弦信号发生器的输出同时接实验系统的输入端和示波器的第一个通道,实验系统的输出信号接入示波器的第二通道。检查无误后接通各仪器电源。

(3)微调信号发生器的幅值旋钮,观察输入信号和系统输出信号的幅值大小,将幅值大小调整到满意和位置适当后,即可按实验内容和测量方法进行实验。

(4)幅频特性测试:保持输入信号的幅值不变,从低到高有级改变正弦信号的频率,同时在示波器上观察系统响应信号的幅值大小,并将频率值和系统响应的幅值一一记录于数据表中。直至调整输入频率使得响应的幅值是输入信号幅值的1/2时为止,幅频测试完毕。参考数据见表3.3。

表3.3　幅频特性数据表

序号	1	2	3	4	5	6	7	8	9	10	11	12
输入频率/Hz	2	4	6	8	10	12	14	16	18	20	22	24
响应幅值/V	2.5	3	3.5	4	4.5	5	5.5	4	3.5	2	1.5	1

六、实验设计的系统参数计算公式

(1)二阶系统的时间常数。

$$T=\sqrt{\frac{T_1T_2}{A_3}}$$

(2)系统的理论阻尼比(图3.4)。

$$\zeta=\frac{A_4\alpha}{2}\sqrt{\frac{T_1}{T_2}A_3},\quad \alpha=\frac{U_W}{U_R}$$

(3)求取系统的实测阻尼比。

由 $M_p=e^{-\frac{\zeta\pi}{\sqrt{1-\zeta^2}}}$,得到

$$\zeta=\sqrt{\frac{1}{\left(\frac{\pi}{\ln M_p}\right)^2+1}}$$

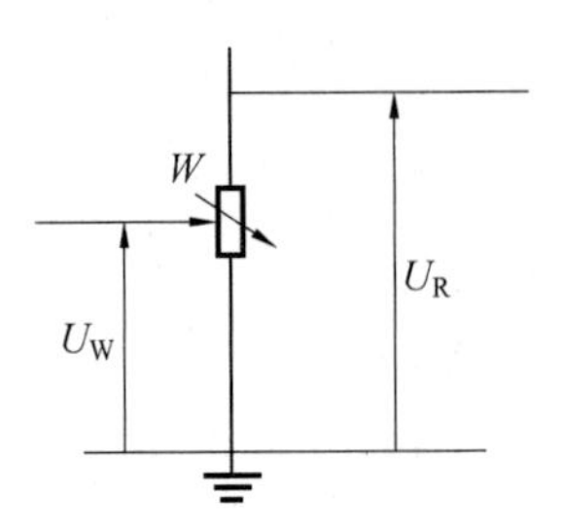

图 3.4　电位器图

(4)二阶系统固有频率的理论值。

由于前面推倒时设 $T=\frac{1}{\omega_n}$,所以理论上 $\omega_n=\frac{1}{T}$,$f_n=\frac{1}{2\pi T}$,其中 T 是二阶系统的时间常数。

(5)利用示波器测量时间和幅值的方法。

示波器显示屏的横坐标是时间,时间坐标值是根据时间旋钮(T/DIV)的挡位来确定的,比如时间扫描旋钮(T/DIV)放置在 0.1 s 位置时,横坐标值是每一个大格(即 5 个小格)就代表 0.1 s 的时间。示波器的纵坐标代表信号的幅值,纵坐标值的大小是根据幅值旋钮(V,mV/DIV)放置的挡位而确定的,比如幅值旋钮(V,mV/DIV)放置在 1 位置时,纵坐标值就是每一个大格(即 5 个小格)就代表 1 V,所以根据示波器时间旋钮和幅值旋钮放置的挡位,再结合显示屏横、纵坐标值就可以测得信号的时间和幅值了。

具体参考如图 3.5、图 3.6 所示。

图 3.5 是表示幅值旋钮置 0.5 V/DIV 挡,时间旋钮置 0.1 s/DIV 挡时,测得响应的幅值为稳态值 0.63%时,对应的时间为 0.072 s。

图 3.6 是幅值旋钮置 1 V/DIV 挡,时间旋钮置 0.1 s/DIV 挡时,测得 $M_p=0.44$,$t_p=0.1$ s。

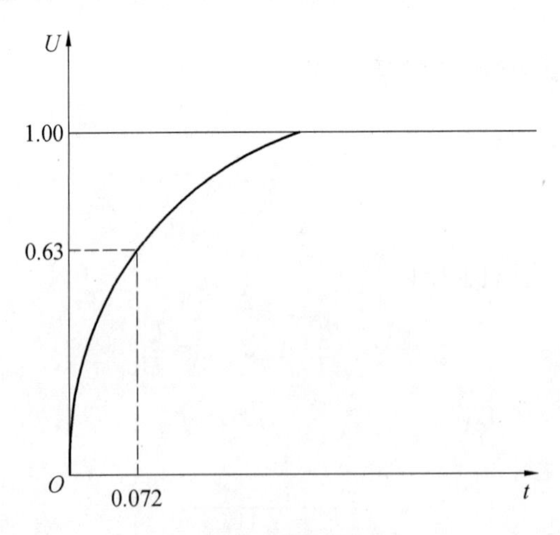

图 3.5　响应曲线 1

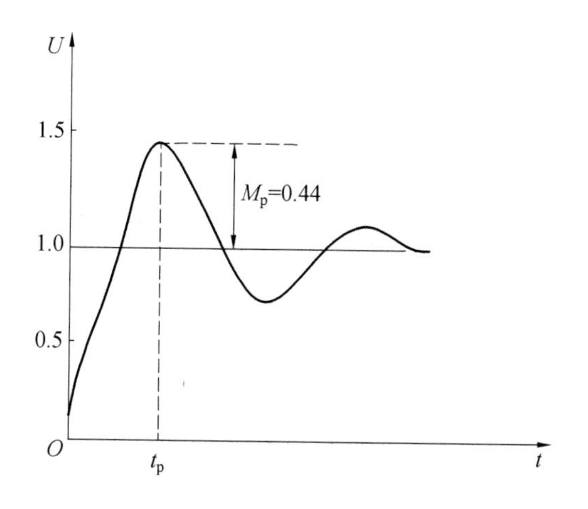

图 3.6　响应曲线 2

七、思考题

(1)是否能一次测得固有频率和幅频特性数据?

(2)阻尼比对系统有什么影响?

第 4 章　测试技术

实验一　传感器的结构、变换原理及应用

传感器的结构、变换原理及应用毕业要求指标点

项目	内容
掌握电阻式传感器、电容式传感器、电感式传感器、压电式传感器、热电式传感器等工作原理及应用	能够应用相关实验设备实施完成相关实验，并对实验所得数据进行分析处理，善于发现实验结果，发现新问题，并合理提出解决方案

一、实验目的

了解几种典型传感器的结构、变换原理以及传感器的应用。

二、实验内容

(1)了解如下典型传感器的基本结构，掌握其转换原理。

①差动变压器式传感器。

②涡流传感器。

③电容式传感器。

④压电式加速度传感器。

⑤磁电式传感器。

⑥霍尔式传感器。

⑦电阻应变片。

⑧转速传感器。

(2)传感器的应用。

①涡流传感器用于测量位移。

②霍尔式传感器用于测量振动。

③电容式传感器的应用：精确测量位移、厚度。

④分布式温度传感器的应用：测量空间温度场分布。

⑤磁电式传感器的应用：振动监测，转速、扭矩测量。

⑥差动变压器式传感器用于位移测试。

三、实验仪器

(1)CSY－98B(或 CSY10A)传感器系统实验仪。

(2)示波器。

四、实验步骤

(1)掌握 CSY 传感器系统实验装置的基本组成,熟悉各种传感器在实验仪上的位置。

(2)分别观察各传感器的结构,并上下移动圆盘,了解传感器的变换原理。

(3)完成上述内容后,再按给定的实验接线图将传感器接成测试电路,分别进行具体应用测试,观测被测参量的变化。涡流传感器测试接线图如图 4.1 所示,分布式温度传感器位移接线图如图 4.2 所示,磁电式传感器实验接线图如图 4.3 所示,霍尔式传感器实验接线图如图 4.4 所示。

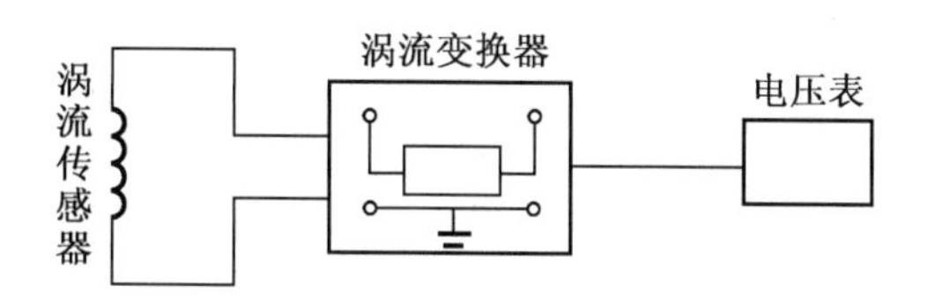

图 4.1　涡流传感器测试接线图

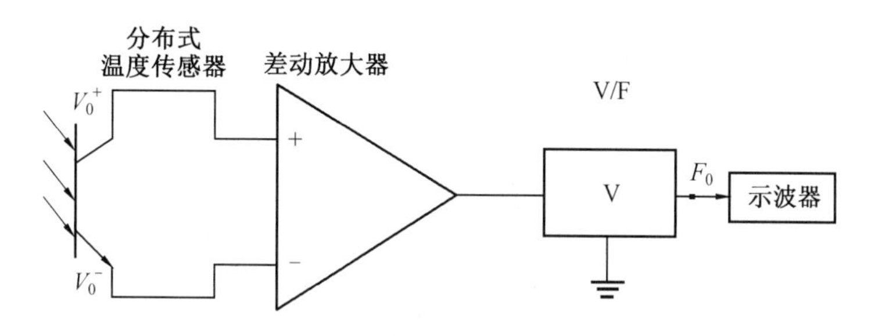

图 4.2　分布式温度传感器位移接线图

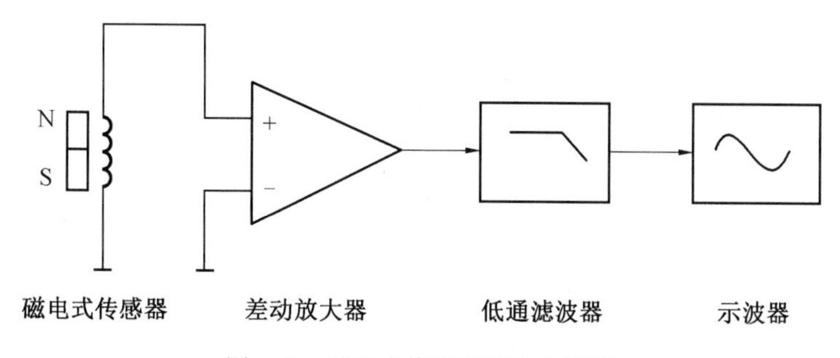

图 4.3　磁电式传感器实验接线图

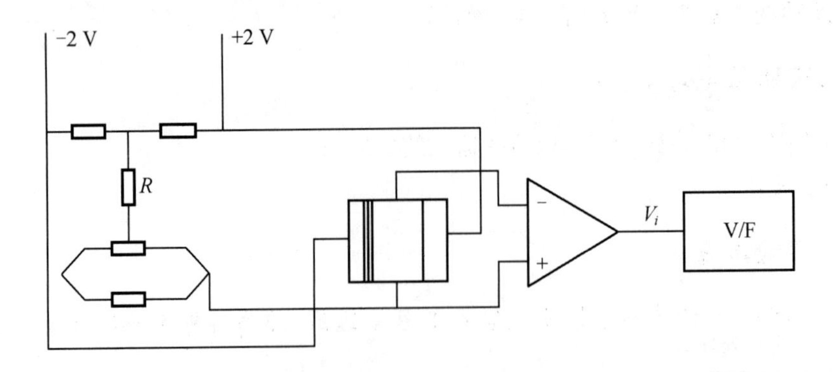

图 4.4　霍尔式传感器实验接线图

实验二　电桥"和差"特性与应变测量

电桥"和差"特性与应变测量毕业要求指标点

项目	内容
掌握信号的信号调理与显示等方面的知识以及信号分析与处理等方面的内容	能够实施机械工程领域相关实验，获得准确的实验数据

一、实验目的

(1)了解电阻应变片的工作原理和在应力应变测试中的应用。

(2)掌握应力、应变的测试方法和应变标定方法。

(3)掌握应变片在电桥电路中的几种组桥方式，通过应变测试实验，了解电桥的"和差"特性。

二、实验仪器

(1)CS－1A 动态应变仪。

(2)毫伏电压表。

(3)等强度梁和砝码(每个 200 g)。

(4)万用表。

三、本实验的内容

(1)电桥的"和差"特性测试是利用贴在悬臂梁的应变片组成不同形式的电桥(单臂电桥、邻臂电桥、对臂电桥、全桥)电路对等强度梁进行加载应变测试，根据电桥的输出总结出电桥电路的"和差"特性，同时分析不同电桥的灵敏度。

(2)测量悬臂梁在不同载荷下的应变并与理论计算值进行比较。

(3)应变测试的标定方法。

四、实验系统与实验原理

图 4.5 是实验系统框图，图 4.6 是应变片在梁上的布置图。4 个规格相同(120 Ω)的应变片粘贴在等强度梁同一截面的上下表面上，使应变片与梁成为一体，应变片的中心距载荷加力点的距离为 L。当梁受载变形时，应变片随梁一起产生变形，即应变片的电阻值随之变化，这样就把梁的变形(应变)量转换为应变片的电阻的变化，将应变片接入电桥，电桥电路将应变片的电阻变化转换为电压(或电流)输出，经动态电阻应变仪放大、检波等处理输出一个与应变一致的电信号，信号的大小由实验系统的指示表显示。再经过

应变标定，根据应力应变的关系可计算出应力值。本实验就是利用应变片，组成不同的桥路，通过加载得到不同电桥的输出，测量梁的受力变形（应变），同时根据不同组桥的输出来验证电桥的“和差”特性，掌握电桥电路在应力应变测量中的应用。

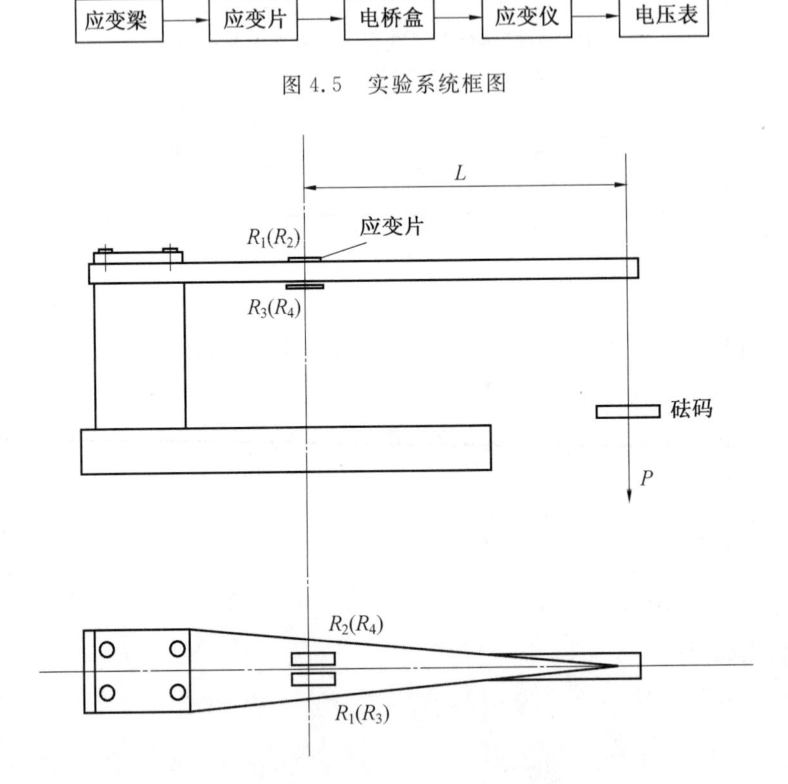

图 4.5　实验系统框图

图 4.6　应变片在梁上的布置图

电桥电路的输出关系式为

$$\Delta V=\frac{V_0}{4R}(\Delta R_1-\Delta R_2+\Delta R_3-\Delta R_4)$$

式中，ΔV 为电桥输出电压；V_0 为激励桥压；R 为桥臂电阻（应变片的阻值）；ΔR_i 为桥臂电阻变化量，$i=1,2,3,4$。

五、实验步骤

1. 准备工作

（1）熟悉 CS－1A 动态应变仪各操作旋钮的功能及正确使用方法（图 4.7）。

（2）用万用表检查粘贴在应变梁上的应变片的电阻（应为 120 Ω），检查应变片与梁之间的绝缘电阻，一般大于 200 MΩ。

2. 仪器的连接

（1）将电桥盒输出端的插头插入应变仪后面板上部的“输入”插座内（2 个通道任选一

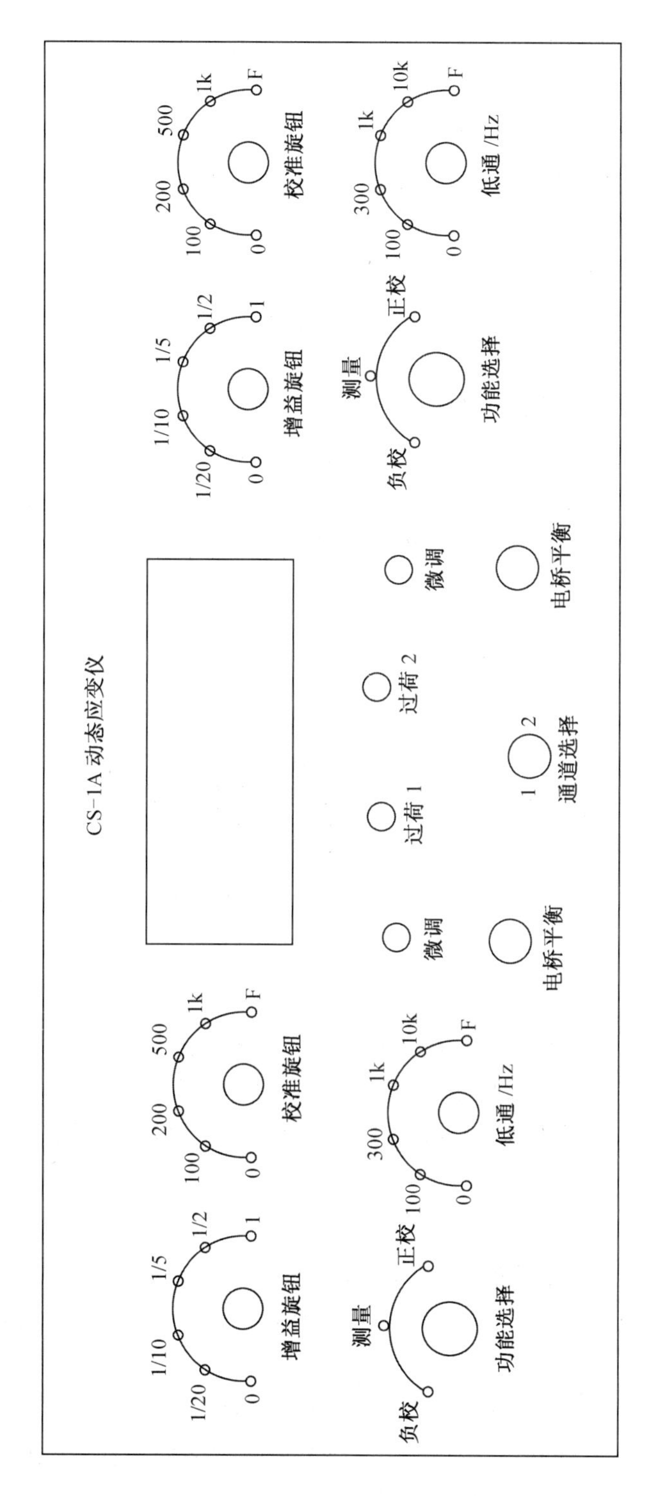

图 4.7 仪器前面板各旋钮功能示意图

个)。

(2)将仪器电源线的三芯插头插入 CS－1A 应变仪后面板的“AC220 V”插座内,另一端插入电源插座内。

(3)在开启电源之前应检查应变仪前面板各旋钮开关的位置。即增益旋钮应在“0”,校准旋钮应在“0”,功能选择旋钮应在“测量”,低通旋钮应在“F”位置。

3. 熟悉电桥盒的连接

电桥盒引线结构如图 4.8 所示,盒内有 3 个 120 Ω 无感电阻 R_1、R_2和 R_3,这 3 个电阻辅助组桥时用,图 4.9 给出了单臂电桥到全桥的连接方法。在组桥时,电桥盒内的电阻须用连接片连接在接线柱上,接线柱一定要拧紧。图 4.9(a)是半桥单臂接线图,桥臂 R_1 是应变片,R_2、R_3、R_4 是电桥盒的无感电阻,无感电阻必须用接线插片接到桥臂上;图 4.9(b)是半桥邻臂接线图,其中,R_1、R_2 是应变片,R_3、R_4 是无感电阻;图 4.9(c)是对臂电桥接线图,其中,R_1、R_3 是应变片,R_2、R_4 是无感电阻;图 4.9(d)是全桥接线图,其中,R_1、R_2、R_3、R_4 均为应变片,全桥时应除去各接线柱间的连接片。

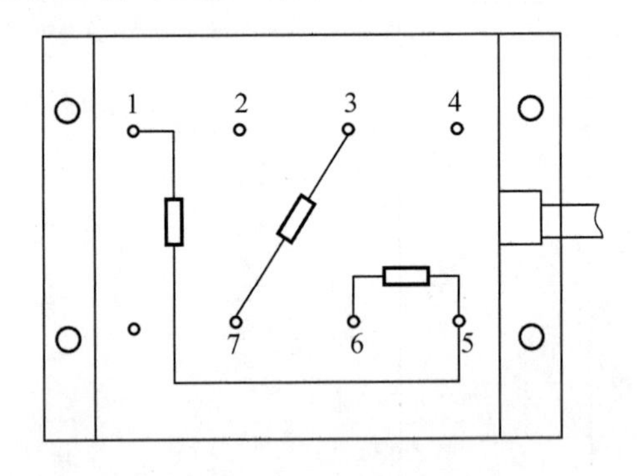

图 4.8　电桥盒引线结构

4. 组桥

根据实验内容的要求,将粘贴在应变梁上的应变片按图 4.9 所示的各种组桥形式,依次组成半桥单臂、半桥邻臂(邻臂电桥分为邻臂同号和邻臂异号)、对臂电桥(对臂电桥分为对臂同号和对臂异号)和全桥。每次组接完桥路后,要按下一个步骤进行电桥平衡调节,然后再进行加载实验。

5. 电桥平衡调节

按要求的组桥形式组接好电桥电路后,按下列步骤进行。

(1)打开 CS－1A 电源开关,指示灯亮,将通道选择柄拨到接有电桥的通道位置(1 或 2)。

(2)将使用通道的增益旋钮置于“1”挡位置,将功能选择旋钮置于“测量”位置,按下“电桥平衡”按钮,1～2 s 后抬起,这时 CS－1A 的平衡显示屏应为“0”,若不为“0”,则可以用螺丝刀调节微调旋钮使电桥平衡,直至使之为“0”。

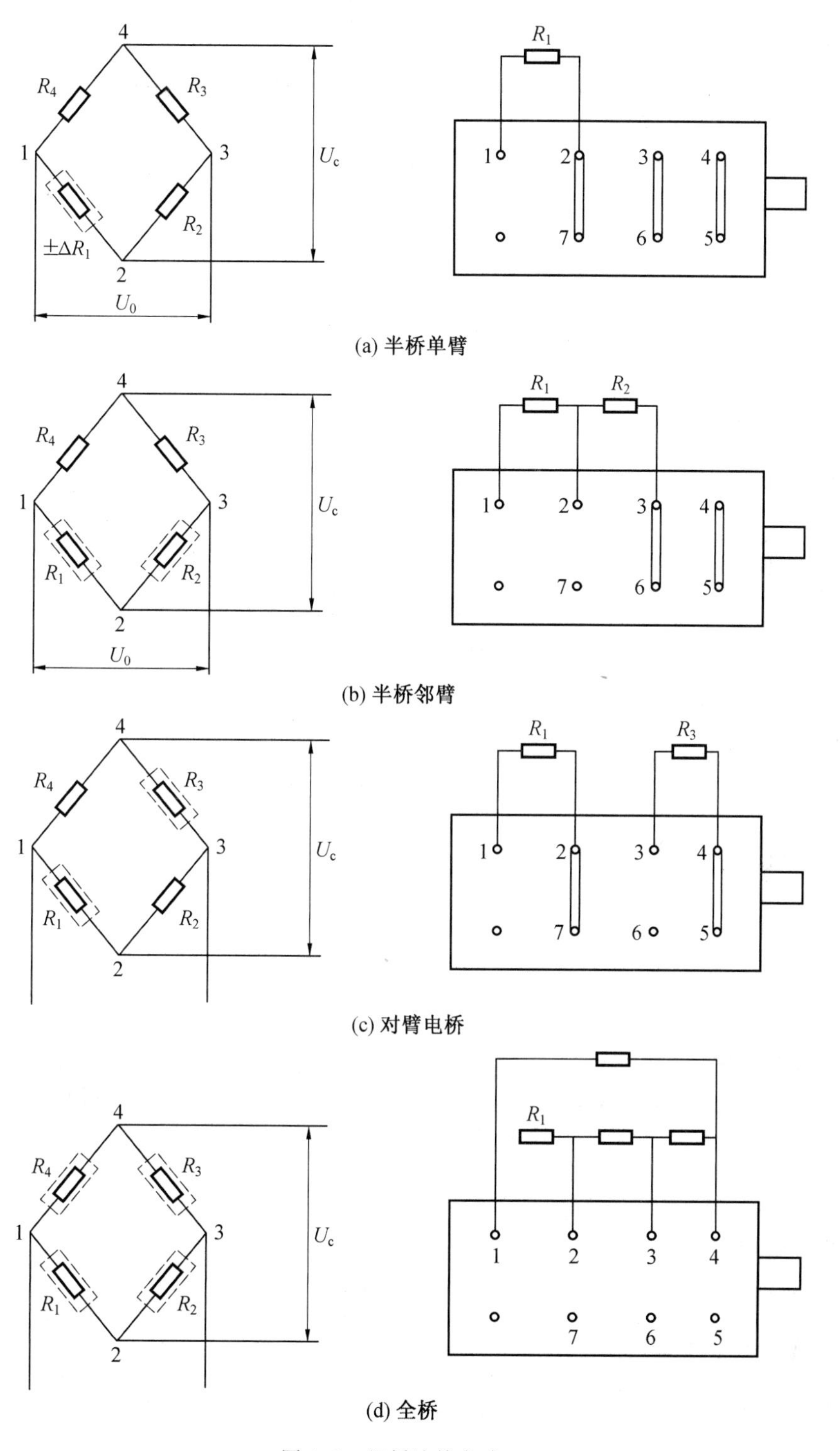

(a) 半桥单臂

(b) 半桥邻臂

(c) 对臂电桥

(d) 全桥

图 4.9　组桥连接方式

6. 标定

标定信号是测量应变的标准尺度，在不同增益挡，施加相应的标定值以衡量被测应变的大小。标定时，根据测量信号的极性和大小，将功能选择开关置“正校”或“负校”位置，将校准旋钮旋至相应的某一标准值挡，即给出相应的标准应变值，观察输出电压表对应该挡的输出值。如：校准旋钮放在+100 $\mu\varepsilon$ 挡，输出为 50 mV 时，得标定系数为

$$K=\frac{100}{50}=2(\mu\varepsilon/\mathrm{mV})$$

此标定系数即作为后续求取梁的应变时的依据。标定完后，将功能选择开关再打到“测量”位置，将校准旋钮旋置于“0”位置。

7. 加载测量

(1)估计被测信号大小，将增益旋钮旋至适当测量范围的挡位上(本实验放在“1”挡上)。

(2)加载和记录：先加 200 g 的砝码，待稳定后，观察输出表指示，并将读数结果记录在表 4.1 中。再分别加载至 400 g，重复上述读数记录过程，完成该种组桥形式下的测量后，将增益选钮再旋转到“0”位置，卸掉砝码。

(3)再按实验内容重新组接好另一种电桥重复(1)、(2)的过程，直至把表 4.1 的内容全部做完为止。

表 4.1 各种组桥输出实验数据记录 mV

砝码	对臂		邻臂	
	同号	异号	同号	异号
200 g				
400 g				

8. 测量完毕

测量完毕后，关闭仪器电源，拆卸连接导线，将仪器和实验用物品摆放整齐。

六、求取梁的应变

1. 实测应变

根据测试的输出电压，按照标定系数求取梁在不同载荷下的应变。

2. 梁的理论应变计算

根据材料力学的弯曲应力公式，计算梁在距加力点 L 截面处的表面应力 σ，即

$$\sigma=\frac{M}{W}$$

式中，M 为贴片处截面的弯矩，N · cm；W 为贴片处截面的抗弯截面模量，mm^3，$W=$

$\frac{1}{6}bh^2$。

根据应力应变关系式 $\sigma=E\varepsilon$，可计算出梁在贴片处截面的轴向应变 ε 为

$$\varepsilon=\frac{M}{WE}=\frac{6M}{bh^2E}$$

式中，E 为梁材料的弹性模量。

将计算值填入表 4.1，并与实测值比较。

七、实验预习内容

(1)应变片的工作原理。

(2)电桥电路原理及输出公式。

(3)应力应变测试及计算方法。

八、思考题

(1)什么是电桥的“和差”特性？电桥电路是如何起放大作用的？

(2)电桥“和差”特性在实际测量中有哪些作用？

实验三 传感器静态特性参数测试

传感器静态特性参数测试毕业要求指标点

项目	内容
能够对工程中常用物理量进行检测调整，掌握实验基本原理和方法	能够应用相关实验设备实施完成相关实验，并对实验所得数据进行分析处理，善于发现实验结果，发现新问题，并合理提出解决方案

一、传感器的静态特性

传感器的静态特性包括灵敏度、线性度、回程误差等，静态特性参数对传感器的使用特别重要，若不知道传感器的静态参数，就无法正确评价被测量值的大小。所以掌握传感器静态参数的测量及评价方法，是从事传感器相关工作和使用传感器的技术人员所必备的技能，对于学习这门课程的同学，也应了解和掌握。

静态特性参数是在没有加速度、振动、冲击的静态标准条件下，用实验的方法对传感器进行往复循环测试所得出的。通常将传感器的输入与输出数据列成表格或画成曲线，即特性曲线，再对这些数据进行运算求得静态特性参数。

1. 线性度

传感器的输出与输入之间的关系曲线与规定的工作直线的接近程度就是线性度，它是衡量传感器输出与输入之间保持常值比例的技术指标。在测量时，按照由小到大、再由大到小的顺序给传感器一组输入，同时观测、记录输出值，这样可得到一系列以输入值为自变量，以输出值为因变量的数据点。将这些数据点绘成曲线，称为实际工作曲线，该实际工作曲线与规定的拟合直线比较，求出偏离拟合直线的最大偏差，最大偏差值与满量程输出值之比就是线性度(ΔL)，即

$$\Delta L=\frac{(y_i-y(x_i))_{\max}}{y_n}\times 100\%$$

式中，y_i 为对应 i 点的输出值；$y(x_i)$为规定直线(对应 x_i 点)输出值；y_n 为满量程输出值。

拟合直线有理论直线、端点直线、最小二乘直线等，采用不同规定的直线来评定线性度时所产生的误差值不同，所以在表示线性度误差时必须注明以何种直线作为规定的拟合直线。本实验要求用最小二乘直线法评定线性度，如图 4.10 所示。

2. 灵敏度

传感器输出的变化量除以相对应的输入变化量称为灵敏度，灵敏度是衡量传感器对被测量变化时的反应能力，即

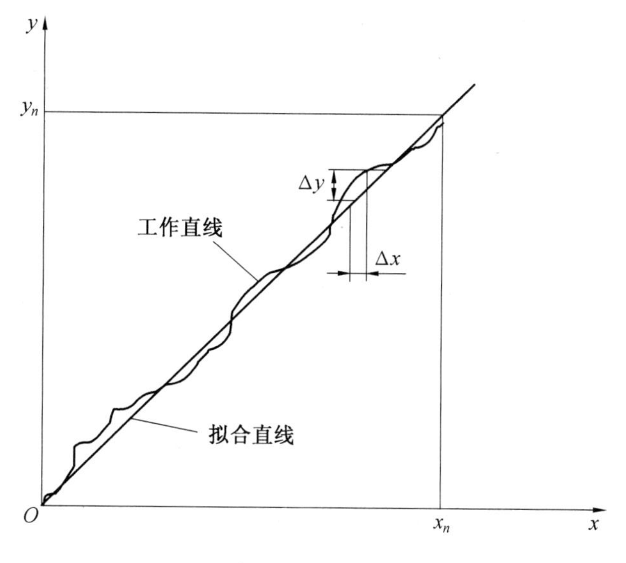

图 4.10　线性度

$$S=\frac{\Delta y}{\Delta x}$$

3. 回程(滞后)误差

回程(滞后)误差是反映传感器在输入值增长(正行程)和减少(反行程)的过程中,对同一输入量时其输出值的差别。回程(滞后)误差如图 4.11 所示。

回程误差指标为

$$\Delta h=\frac{(y_i(z)-y_i(f))_{\max}}{y_n}\times 100\%$$

式中,$y_i(z)$为正行程输出值;$y_i(f)$为反行程输出值;y_n 为满量程输出值。

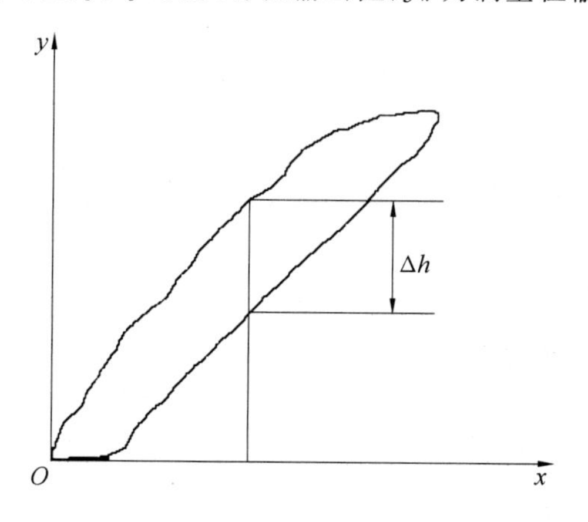

图 4.11　回程(滞后)误差

本次实验选择了电涡流式、电容式、差动变压器式 3 种传感器作为被研究对象,通过对这 3 种传感器静态参数的测试和数据处理来掌握静态参数的测试和数据处理方法,以及通过实验了解静态参数可能给测试结果带来的误差。

4. 直线拟合——线性回归方程

$$\hat{y}=a+bx$$

式中

$$a=\overline{y}-b\overline{x}$$

$$b=\frac{\sum_{i=1}^{N}x_iy_i-\frac{1}{N}\left(\sum_{i=1}^{N}x_i\right)\left(\sum_{i=1}^{N}y_i\right)}{\sum_{i=1}^{N}x_i^2-\frac{1}{N}\left(\sum_{i=1}^{N}x_i\right)^2}$$

$$\overline{x}=\frac{1}{N}\left(\sum_{i-1}^{N}x_i\right),\quad \overline{y}=\frac{1}{N}\left(\sum_{i-1}^{N}y_i\right)$$

二、电涡流式传感器的静态特性

1. 实验目的

(1)了解电涡流传感器的结构、工作原理和工作特性。

(2)掌握和了解传感器静态特性参数的测量和评价方法。

2. 实验原理

涡流传感器的工作原理是利用金属导体在交变磁场中的电涡流效应,整个传感器由偏平线圈和金属涡流片组成,当线圈中通以高频交变电流后,与其平行的金属片上产生电涡流,电涡流的大小影响线圈的阻抗 Z,而涡流的大小与金属涡流片的电阻率、磁导率、厚度、温度以及与线圈的距离 x 有关。当偏平线圈的参数、被测体(涡流片)材质、激励电源已确定,并保持环境温度不变,阻抗 Z 只与距离 x 有关。阻抗 Z 的变化经涡流变换器转换成电压 V 输出,则输出电压 V 是距离 x 的单值函数。所以本实验中仅改变涡流传感器与被测体(金属涡流片)的距离,由此掌握和了解涡流传感器的工作特性。

3. 实验仪器及组件

(1)CSY－98B(或 CSY10A)传感器系统实验仪(电涡流线圈、金属涡流片、电涡流变换器、位移测微器、F/V 数字电压表)。

(2)示波器。

4. 实验系统接线图(图 4.12)

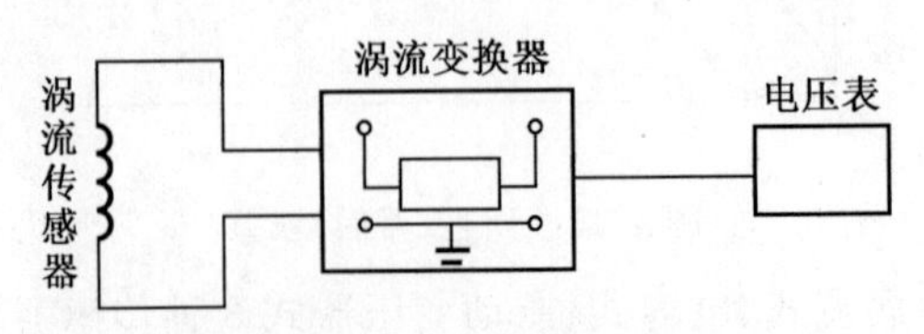

图 4.12 实验系统接线图

5. 实验步骤

(1)将测微器安装在支架上,使测微器的轴线与振动圆盘的中心对中,并紧固好螺栓。再安装涡流传感器,使涡流传感器和金属涡流片接触(即间隙为"0"),注意使两者保持平行。

(2)按实验系统图将涡流传感器接入涡流变换器的输入端。涡流变换器的输出端接 F/V 数字接电压表(20 V 挡)的输入插孔(V_i 或 IN)。

(3)开启仪器电源和涡流放大器电源开关,旋转测微器的旋柄将涡流传感器与金属涡流片分开一定的距离,此时输出端有一电压值输出(即 F/V 数字电压表有显示)。用示波器接涡流变换器输入端可观察到电涡流传感器的高频波形信号,信号的频率大约为 1 MHz(用低频示波器观察波形时,波形密集有可能看不清楚),观察完后拆掉此项的连接导线。

(4)旋转测微器带动振动平台上(或下)移动,使涡流传感器测头平面完全接触金属涡流片,此时涡流变换器中的振荡电路停振,涡流变换器输出电压为"0",并记住此时测微器的刻度位置,此刻度作为测量的起始基准。

(5)在步骤(4)的基础上旋动测微器的旋钮,使涡流传感器(线圈)离开金属涡流片一个距离,每次移动距离为 0.5 mm(即旋转一圈),F/V 数字电压表上有相对应输出电压 V,并将每次移动位移 x 值和相对应输出的电压 V 值记录于实验数据表(表 4.2)中。直至输入到最大位移量时为止(这是正向测量),最大输入量一般为 5～6 mm。

表 4.2　实验数据记录表

输入 x/mm	0	0.5	1	1.5	2	2.5	3
正向输出 V							
反向输出 V							

(6)在实验步骤(5)输入最大输入位移 x 的基础上(保持数据不变),再反方向旋转测微器,使涡流传感器与金属涡流片的距离减小,每次减小 0.5 mm,直至到开始测量的起始基准位置为止,并同时将每次的位移 x 和相对应输出的电压 V 值记录于实验数据表(表 4.2)中(这是反向测量)。

(7)测试完后将测微器拆下,将涡流传感器和金属涡流片恢复到原始自由位置。将低频振荡器的输出端接激振的"I"端。

(8)涡流放大器的输出改接示波器的输入端,调节低频振荡器的频率和幅值旋钮,使频率和幅值适当,在示波器上观察波形。这一波形就是涡流传感器测试振动信号时的波形。

(9)实验完毕,关闭电源,撤掉插线,将涡流传感器和金属涡流片恢复到原始位置。

6. 实验报告要求

(1)实验目的和意义。

(2)涡流传感器的工作原理。

(3)实验系统接线框图。

(4)实验结论及分析:回程曲线、线性度、灵敏度、回程误差(滞后)。

注意事项:

当涡流变换器接入电涡流线圈处于工作状态时,接入示波器会影响线圈的阻抗,使变换器的输出电压减小,或使传感器在初始状态有一死区,工作电压范围变小。

实验四　悬臂梁动态特性参数测试

悬臂梁动态特性参数测试毕业要求指标点

项目	内容
分析解决工程中的信号获取及处理的问题	能够实施机械工程领域相关实验，获得准确的实验数据

一、实验目的

(1)学习正弦稳态激振和测振的方法。

(2)掌握测振系统的组成、各部分的作用和正确的使用方法。

(3)掌握测试悬臂梁的固有频率、阻尼比及数据处理方法。

二、实验内容

(1)测定悬臂梁的一阶固有频率并和理论计算值比较分析。

(2)测定计算悬臂梁的阻尼系数。

三、实验原理

测定悬臂梁的固有频率有幅值法和相位法2种，幅值法是根据振动响应的最大振幅确定其固有频率，相位法是根据振动响应的相位确定固有频率。

幅值法采用稳态正弦激振的方法，对悬臂梁施加一个幅值恒定、频率单一的正弦激振力，使悬臂梁产生强迫振动，从低到高改变激振力的频率。当激振力的频率与悬臂梁的固有频率相同时产生共振，其振幅为最大值，振幅最大时所对应的频率即为悬臂梁的固有频率。根据激振频率和振幅大小作出频率响应曲线，再根据频率响应曲线求出悬臂梁的固有频率，进而求出悬臂梁(振动系统)的阻尼比。

相位法测固有频率是根据振动响应信号与激振力信号之间的相位关系确定出固有频率，在机械阻抗测试中，振动的响应有位移 x、速度 v、加速度 a 三种信号来表征，当产生共振时，它们之间的相位关系是速度信号超前位移90°，加速度波形又超前速度波形90°，振动位移信号又滞后于激振力90°，所以利用这个相位关系可测得悬臂梁的固有频率。实验时从低到高改变激振力的频率，观测悬臂梁振动(响应)信号与激振力信号之间相位的变化，当达到上述相位关系时即测得悬臂梁的固有频率。

实验时，为了获得整个频率范围内的频率响应，必须有级或无级地改变激振力的频率，这一过程称为频率扫描或扫描过程。

正弦激振力是由正弦信号发生器产生电信号，经功率放大器放大后输入激振器，激振器便产生正弦力并作用于悬臂梁上，使悬臂梁产生与激振力相同频率的受迫振动。悬臂梁的振动响应由测振系统测出。实验系统框图如图 4.13 所示，正弦信号发生器、功率放大器和激振器组成了激振系统，由传感器、阻抗变换器、积分放大器、测振仪、示波器组成测振系统，测定梁的振动响应。传感器采用的是压电式加速度传感器，其输出是与振动加速度成正比的电信号，积分放大器设有积分网络，可将振动加速度信号转换为振动速度信号或振动位移信号。

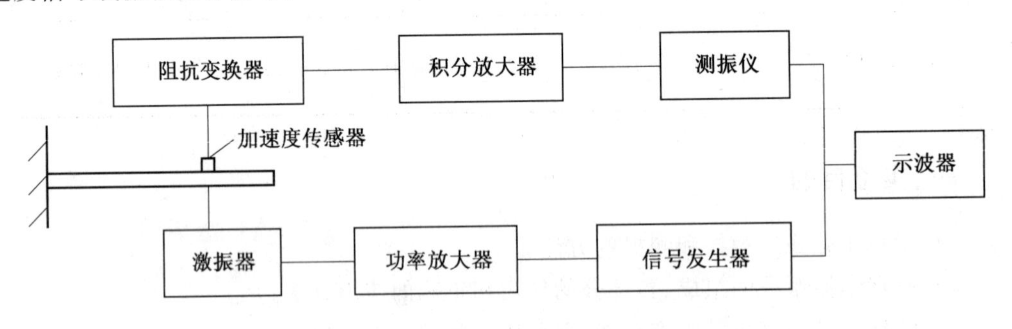

图 4.13　实验系统框图

四、实验仪器和设备

(1)正弦信号发生器。

(2)功率放大器。

(3)激振器。

(4)压电式加速度传感器。

(5)阻抗变换器。

(6)积分放大器。

(7)测振仪。

(8)示波器。

(9)悬臂梁。

五、实验方法和步骤

1. 连接实验系统

按图 4.13 组织好实验系统，检查接线无误后，接通各仪器电源。按各仪器的使用说明书调整好仪器的旋钮，先初步调整信号发生器，使悬臂梁产生轻微振动，此时在示波器上可以看到激振力信号和悬臂梁振动信号的波形。

2. 测试实验系统

再微调信号发生器幅值输出旋钮和功率放大器输出旋钮，使悬臂梁振动的幅值大小适中。实验装置简图如图 4.14 所示。

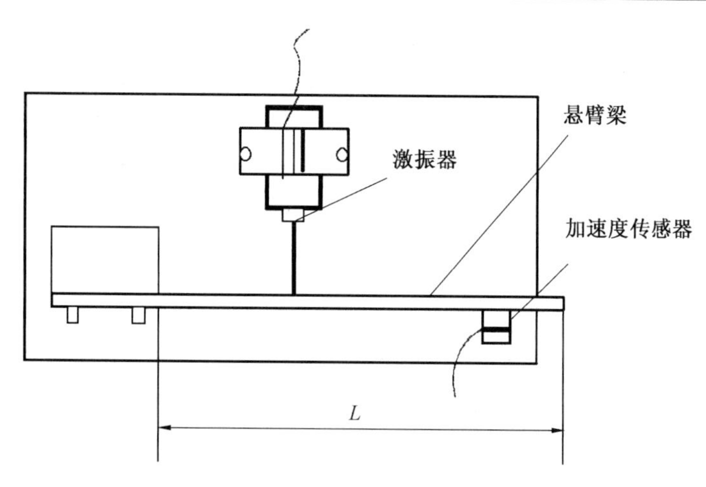

图4.14　实验装置简图

3. 测定悬臂梁的固有频率

(1)幅值法。

在步骤②的基础上，保持信号发生器的输出幅值恒定不变，由低频段向高频段逐次调节信号发生器的频率，同时观察测试系统测得的振动波形和幅值变化情况。当悬臂梁的振动幅值最大时，即悬臂梁产生共振时，记下此时激振力的频率，即为被测悬臂梁的固有频率。

(2)相位法。

振动响应(x、v、a)信号与激振力信号之间的相位可用李沙育图形(或波形比较)的方法获得，即先将激振力的信号(从功率放大器的正相、地线2个接线柱引出)接入示波器X轴，振动响应信号(从测振仪左侧的输出插孔)接入示波器的Y轴，确定信号发生器的输出幅值在某一定值不变，再由低频段向高频段逐次调节信号发生器的频率，同时观察示波器的波形变化情况。当悬臂梁产生共振时，在位移振动共振情况下出现一个圆或一个竖椭圆，在振动速度情况下出现一条斜线，在振动加速度情况下也出现一个圆或一个竖椭圆。振度位移、速度、加速度之间的转换可通过积分放大器的选择键实现，并分别记录下振动位移滞后激振力90°、振动速度与激振力相位相同、振动加速度超前激振力90°时激振频率，即为所测的固有频率。

4. 幅频特性测试

保持信号发生器的输出幅值恒定不变，由低频段向高频段逐次调节信号发生器的频率，同时从测振仪上读取悬臂梁与此激振频率相对应的振动幅值，并将此激振频率值和悬臂梁的振动幅值一一记录在实验数据表(表4.3)中。要注意，在调节信号发生器的频率时，一定要让悬臂梁和测试系统都达到稳态后方可读数。在悬臂梁产生共振的附近应多取几个频率测点，以便绘图精确。

表 4.3　实验数据表

序号	激振频率/Hz	振幅	序号	激振频率/Hz	振幅
1			6		
2			7		
3			8		
4			9		
5			10		

5. 悬臂梁阻尼比

按如下方法求悬臂梁阻尼比。

根据实验数据绘制幅频特性曲线，在绘制好的幅频特性曲线上，作一条距离频率 f 轴为 $A(f)/\sqrt{2}$ 的水平线 l，如图 4.15 所示，交于幅频特性曲线上的 a、b 两点，则两点间的频带宽为 Δf，$\Delta f=f_2-f_1$，则阻尼比为

$$\xi=\frac{\Delta f}{2f_n}$$

式中，f_n 为固有频率（实验测得）。

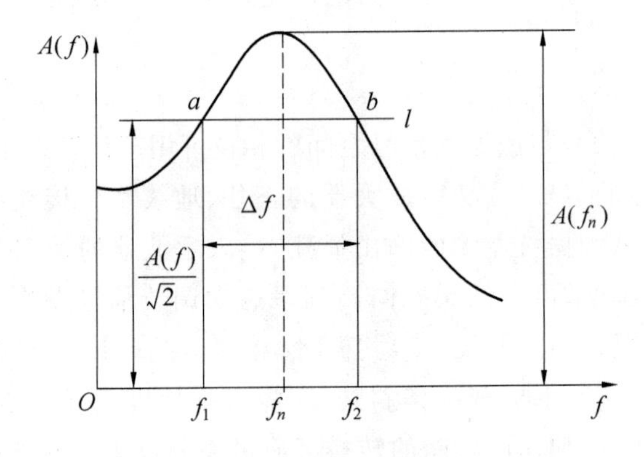

图 4.15　阻尼比的求法示意图

6. 悬臂梁理论

固有频率 f_n 可用下式计算，即

$$f_n=\frac{A}{2\pi}\sqrt{\frac{EI}{\rho SL^4}}$$

式中，E 为弹性模梁；I 为截面惯性矩；S 为截面积；L 为梁的长度；A 为振型系数，一阶时为 3.52，二阶时为 22.4；ρ 为梁材料的密度。

六、实验报告内容

(1)实验目的。

(2)实验系统框图与实验仪器。

(3)实验数据,绘制悬臂梁的幅频特性曲线。

(4)悬臂梁的固有频率和阻尼比。

(5)实验值和理论计算值比较,分析其误差原因。

七、悬臂梁的固有频率计算示例

梁的尺寸:悬长 40 cm,厚 $b=0.5$ cm,高 $c=5$ cm。

$$E=2.1\times10^{6}\ \mathrm{kg/cm^2}$$

$$I=\frac{cb^3}{12}=\frac{5\times(0.5)^3}{12}=0.052(\mathrm{cm})=5.2\times10^{-2}(\mathrm{cm})$$

$$\rho S=7.8\ \mathrm{g/cm^3}\times0.5\times5\ \mathrm{cm^2}=19.5\ \mathrm{g/cm}=19.5\times10^{-3}\ \mathrm{kg/cm}$$

将 kg 化为工程质量单位,有

$$1\ \mathrm{kg}=\frac{1}{9.8}\ \mathrm{kgf\cdot s^2/m}$$

$$\rho S=\frac{19.5}{9.8}\times10^{-3}\ \mathrm{kgf\cdot s^2/m\cdot 1/cm}=1.99\times10^{-5}\ \mathrm{kgf\cdot s^2/cm}$$

将各数值代入公式中,有

$$f_n=\frac{a^2}{2\pi L^2}\sqrt{\frac{EI}{\rho S}}=\frac{(1.875)^2}{2\times3.14\times(40)^2}\sqrt{\frac{2.1\times10^{6}\times5.2\times10^{-2}}{1.99\times10^{-5}}}$$

$$f_n=25.8\ \mathrm{Hz}$$

八、思考题

(1)稳态正弦激振有什么特点?

(2)是否能一次测得固有频率和幅频特性数据?

第 5 章　数字电子技术基础

实验一　组合逻辑电路设计实验

组合逻辑电路设计实验毕业要求指标点

项目	内容
掌握基本数字电子技术方面的基础理论知识	能够基于数字电路原理，通过文献研究及相关方法，运用数字电路原理的相关知识和方法针对工程问题设计数字电路的实验方案，并进行实验
能够将相关知识用于基本数字电子线路	在实验方案的基础上，根据实验要求实施实验，记录响应值及相关的实验数据，通过实验获得准确的实验数据
具有熟悉并能使用模拟电子电路分析 EDA 软件的能力	运用相应的理论分析方法，对实验数据进行分析和信息综合，并得出正确结论

一、实验目的

掌握组合逻辑电路的功能测试方法；验证半加器和全加器的逻辑功能；掌握组合逻辑电路的设计方法；加深理解典型组合逻辑电路的工作原理。能根据实验要求，完成方案设计。具备正确处理实验数据的能力，分析和综合实验结果以及撰写实验报告的能力。

二、实验原理和实验电路

1. 数字电路的基本组成单元

数字电路中最基本的组成单元是门电路。

(1)与非门 74LS00。

与非门 74LS00，如图 5.1 所示，与非门 74LS00 的输出为 74LS00 真值表，即

$$A=1\ B=1\ Y=0$$

$$A=0\ B=1\ Y=1$$

A=1 B=0 Y=1

A=0 B=0 Y=1

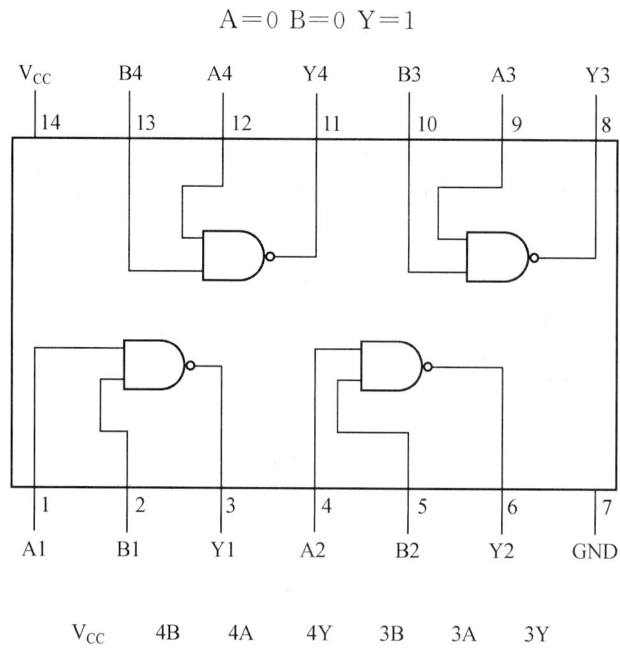

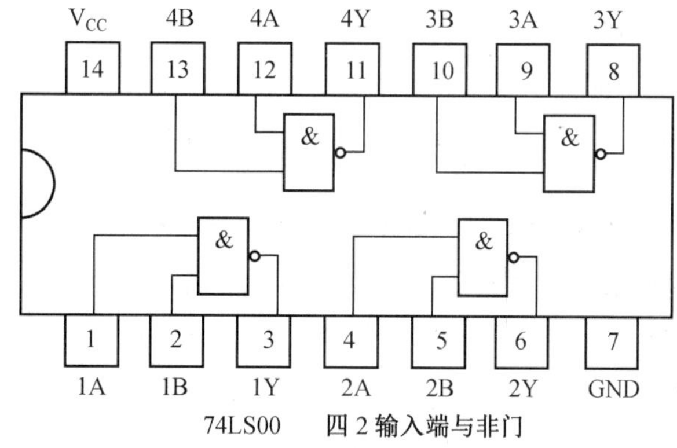

图5.1　芯片管脚

组合逻辑功能测试：

(1)用两片74LS00组成逻辑电路。

(2)A、B、C接开关电平，Y1、Y2接发光二极管电平显示。

(3)按真值表要求，改变A、B、C的状态并填状态表，写出Y1、Y2表达式。

半加器设计及功能测试：

(1)用与非门74LS00和异或门74HC86设计一个半加器。

(2)组装所设计的半加器电路，并验证其功能是否正确，填状态表。

(3)写出输出与输入之间的逻辑表达式。

全加器设计及功能测试：

(1)用与非门74LS00和与或非门74LS54设计一个全加器。

(2)组装所设计的全加器电路,并验证其功能是否正确,填状态表。

(3)写出输出与输入之间的逻辑表达式。

图 5.2 所示为数字实验电路图。

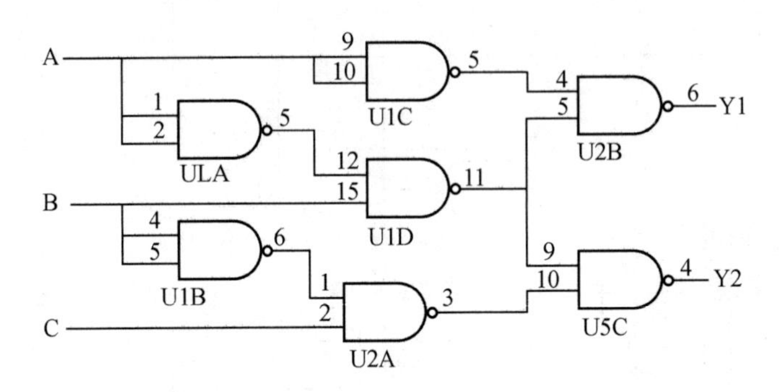

图 5.2 数字实验电路图

它的逻辑运算为

$$Y1=/A1*B1$$

$$Y2=/A2*B2$$

式中,若 A1=1,B1=1 时,Y1=/A1*B1=0。

(2)半加器。

半加器电路图如图 5.3 所示,其输出为:数据输入 A 被加数、B 加数,数据输出 Si 和数(半加和)、进位 Ci。

A 和 B 是相加的 2 个数,S 是半加和数,C 是进位数。

按组合逻辑电路的设计方法实现半加器:由逻辑状态表可写出逻辑式。

试分析图 5.3 所示电路的逻辑功能。我们先不管半加器是一个什么样的电路,按组合数字电路的分析方法和步骤进行。

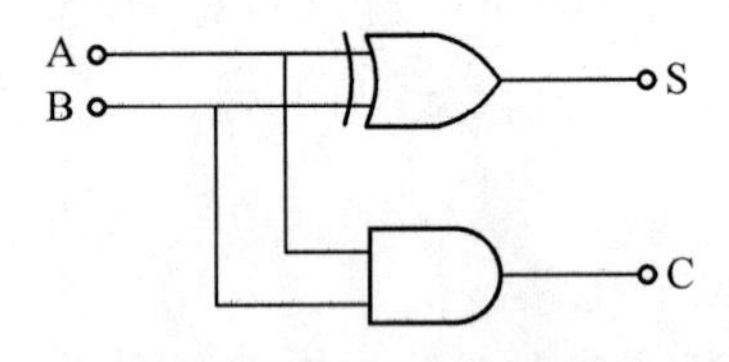

图 5.3 半加器电路图

①写出输出逻辑表达式。

该电路有 2 个输出端,属于多输出组合数字电路,电路的逻辑表达式为 Y=A·B。

②列出真值表。

半加器的真值表见表 5.1。表中 2 个输入是加数 A0 和 B0,输出有一个是和 Si,另一个是进位 Ci。

表 5.1　半加器真值表

序号	A	B	C	S
1	0	0	0	0
2	0	1	0	1
3	1	0	0	1
4	1	1	1	0

(3)给出逻辑说明。

半加器是实现 2 个一位二进制码相加的电路,因此只能用于 2 个二进制码最低位的相加。因为高位二进制码相加时,有可能出现低位的进位,因此 2 个加数相加时还要计算低位的进位,全加器需要比半加器多进行一次相加运算。能计算低位进位的 2 个一位二进制码的相加电路,即为全加器。

有 2 个输入端的是半加器,有 3 个输入端的是全加器,Σ 代表相加。

异或门是一种十分有用的逻辑门,它实际上就是半加器的求和电路。前面已经提到异或逻辑关系式为 XOR。

输出逻辑表达(a)异或门逻辑图(b)异或门符号。

异或门的逻辑符号见图 5.3,异或门的真值表十分简单,当 A=B 时,即 A=B=0 时,或 A=B=1 时,Y=0;当 A≠B 时,即 A=0、B=1 时,或 A=1、B=0 时,Y=1。异或门逻辑符号中的=1,表明输入变量中有一个“1”时,输出为“1”。而或门中的特征符号是≥1,表示输入变量中有一个“1”或一个以上“1”时,输出即为“1”。

(4)实现。

半加器不考虑低位向本位的进位,因此它有 2 个输入端和 2 个输出端。

设加数(输入端)为 A、B ;和为 S ;向高位的进位为 $Ci+1$。

逻辑表达式:S=A XOR B。

(5)输入和输出。

半加器有 2 个输入和 2 个输出,输入可以标识为 A、B 或 X、Y,输出通常标识为和 S 和进位 C。A 和 B 经 XOR 运算后即为 S,经 AND 运算后即为 C。

半加器有 2 个二进制的输入,其将输入的值相加,并输出结果到和和进位。半加器虽能产生进位值,但半加器本身并不能处理进位值。

(6)与全加器的区别。

半加器没有接收进位的输入端,全加器有进位的输入端,在将 2 个多位二进制数相加时,除了最低位外,每一位都要考虑来自低位的进位,半加器则不用考虑,只需要考虑 2 个输入端相加即可。

所以半加器是实现 A、B、C 3 个量按取值相与非的电子电路。当 A、B 都为零时,Y1=1,所以在系统中起一个门电路的作用。

2. 异或门 74HC86

实验电路是根据逻辑运算，利用逻辑运算等效变换原理对全加器的逻辑运算进行细化变换得到全加器框图，用与非门 74LS00 和与或非门 74LS54 设计一个全加器，其真值表见表 5.2。再根据逻辑运算框图选择元件单元进行连接组成，过程如下。

表 5.2　真值表

输入			输出	
A	B	C(低位进)	Y1(和)	Y2(进位)
0	0	0	0	0
0	0	1	1	0
0	1	0	1	0
0	1	1	0	1
1	0	0	1	0
1	0	1	0	1
1	1	0	0	1
1	1	1	1	1

总的逻辑运算为

$$Y1=A \text{ XOR } B \text{ XOR } C$$

由逻辑运算等效变换可得

$$Y2=AB+AC+BC$$

由上式可知，半加器是由与非门 74LS00 和异或门 74HC86 所构成，由此可以得出半加器的数字电路可由一个与非门 74LS00 和一个异或门 74HC86 组成，则有

$$Y2=AB+AC+BC$$

实验的原理就是给系统输入一个数字信号，观测系统的响应，改变和调整系统的参数，观测系统响应随参数变化而变化的规律，由此分析和掌握系统参数对系统响应的影响。

三、实验仪器(表 5.3)

表 5.3　实验仪器

名称	型号	参数	数量
直流稳压电源	HT－1712G 型	0～30 V 双路	1 台
数字万用表	DT9202 型	31/2 位	1 块
通用实验板			
数字电路	与非门 74LS00 和异或门 74HC86		各 1 个

四、实验方案电路图

实验电路如图 5.4 所示。

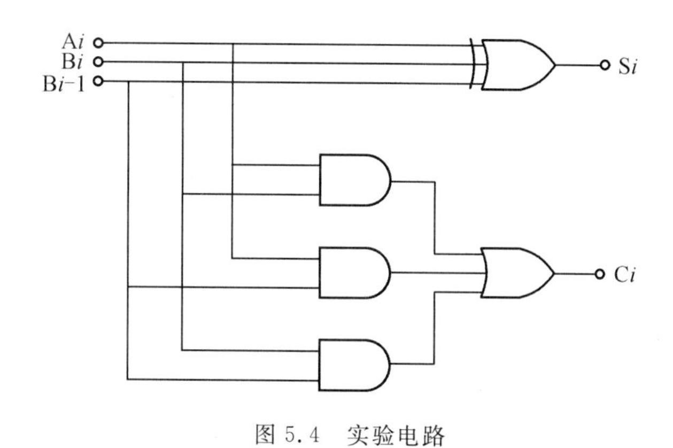

图 5.4　实验电路

五、实验步骤

(1)在通用实验板上按照图 5.4 所示组接实验电路,按图 5.4 所示组接好实验系统,检查无误后,开启直流稳压电源。

(2)将直流稳压电源上的 3 V 信号源接入电路,直流稳压电源的幅值置 3 V 位置,另一路置 5 V 的位置。观察其幅值大小并适当调整,然后直流稳压电源接到电源的输入端,数字电路的输出端接入发光二极管电平显示。

(3)合上直流稳压电源开关,即给系统输入电源信号,同时在发光二极管上观察系统信号是否有反应,调整满意后进行下一个步骤的实验。

(4)按表 5.4 所示,分别调整实验电路中的 A 或 C 为不同值,即改变系统的"A"值,观测在不同输入下系统响应的变化规律,并将响应规律一一记录表 5.4 中,实验中要求至少改变 3 次"A"值,即观测 3 种参数状态下的响应过程。

(5)在上述几种状态中,选择理论 A=1 时的系统,输入数字信号测取系统的实际 A,并将此实测值与理论值比较,看是否正确。测试的方法是在发光二极管器上观察响应随输入的变化,发光二极管亮是 1,暗是 0,数值根据发光二极管的状态确定,系统的数字响应随输入而变化,响应数值输入值即为所测值。

表 5.4　实验数据记录

序号	A	B	C	Y1	Y2 响应
1	0	0	0		
2	0	0	1		
3	0	1	0		

六、思考题

(1)全加器在什么条件下可视为半加器?

(2)按本设计要求,半加器是否可按图 5.3 直接连接,为什么?

第6章　电路分析基础

实验一　叠加定理

一、实验目的

(1)通过实验,加深对叠加定理的理解。
(2)进一步熟悉稳压电源、直流电流表和数字万用表的使用方法。

二、实验原理

本实验是验证叠加定理。叠加定理是线性电路的一个基本定理。它表述如下:在线性电路中,当有2个或2个以上的独立电源(电压源或电流源)作用时,则任意支路的电压或电流,都可以认为是电路中各个电源单独作用,而其他电源不起作用,在该支路中产生的各电流分量或电压分量的代数和。

三、实验设备和器材(表6.1)

表6.1　实验设备和器材

名称	型号	参数	数量
直流稳压电源	HT－1712G型	0～30 V双路	1台
数字万用表	DT9202型	31/2位	1块
通用实验板			
数字电路	电阻150 Ω、51 Ω、82 Ω		各1个

四、实验电路和实验步骤

1. 实验电路

实验电路如图6.1所示,要求测量R_2支路中的电流和R_2上的电压。

2. 实验步骤

(1)测量U_{S1}和U_{S2}同时作用时的电压和电流。

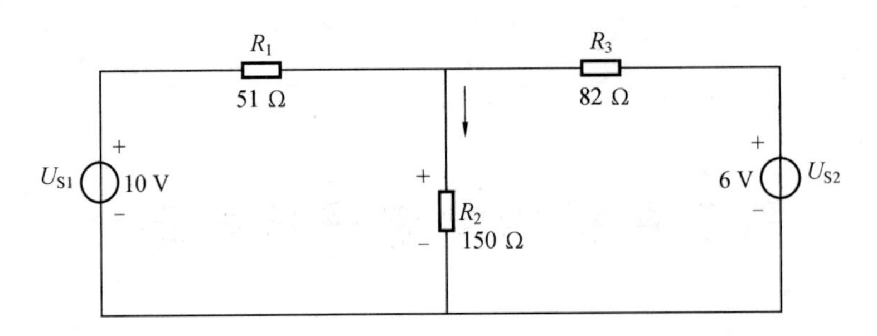

图 6.1 实验电路

(2)按图 6.1 连接好电路，将 U_{S1} 调整到 10 V，U_{S2} 调整到 6 V(注：电压源要先调整好，断电后再接入电路)。

(3)经教师检查后，接通电源；如果电路正常，可接入电流表和电压表(注：接入电表时，注意极性)，测量 R_2 支路中的电流 I 和 R_2 的电压 U，记录所测数据。

五、实验结果和数据处理(表 6.2)

表 6.2 U_{S1} 和 U_{S2} 同时、分别作用时 R_2 的电压和电流

测量次数	1	2	3	4	5	平均值
U	4.828	1.16	6.03			
I	9.16	2.21	7.05			

第 7 章　模拟电子技术基础

实验一　三极管放大电路设计实验

一、实验目的

(1)掌握单级放大电路的工程估算、安装和调试。

(2)了解三极管各项基本器件参数、工作点、偏置电路、输入阻抗、输出阻抗、增益、幅频特性等的基本概念以及测量方法。

(3)掌握级联电路设计方法。

二、实验内容

根据图 7.1 所示电路,研究静态工作点变化对放大器性能的影响。

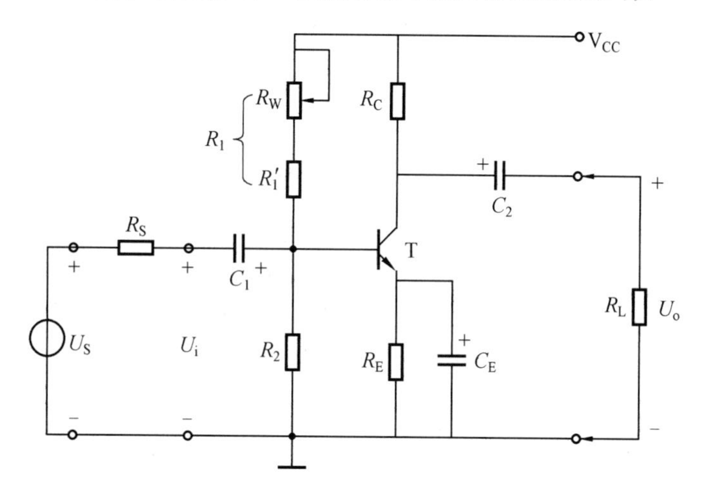

图 7.1　射级偏置电路

(1)调整 R_W,使静态集电极电流 $I_{CQ}=1$ mA,测量静态时晶体管集电极—发射极之间电压 U_{CEQ}。记入表 7.1 中。

(2)在放大器输入端输入频率 $f=1$ kHz 的正弦信号,调节信号源输出电压 U_S,使 $U_i=5$ mV,测量 U_S、U_o和 U'_o(负载开路时的输出电压)的值并填于表 7.1 中。注意:用双踪示波器监视 U_o及 U_i 的波形时,必须确保在 U_o基本不失真时读数。

(3)重新调整 R_W,使 I_{CQ}为 2 mA,重复上述测量,将测量结果记入表 7.1 中。

(4)根据测量结果计算放大器的 A_u、R_i、R_o。

表 7.1　静态工作点变化对放大器性能的影响

静态工作点 电流 I_{CQ}/mA		1	2		
		测量值	测量值	理论值	误差
输入端接地	U_{BQ}/V	1.7	2.66	2.70	1.5%
	U_{CQ}/V	8.42	6.12	6.00	2%
	U_{EQ}/V	1.084	2.03	2.00	1.5%
输入信号 U_i=5 mV	U_S/mV	5.1	5.18	5.2	1.6%
	U_o/V	0.275	0.520	0.502	3.6%
	U'_o/V	0.540	1.01	0.984	1.73%
计算值	U_{BEQ}	0.616	0.63	0.7	10%
	U_{CEQ}	7.338	4.09	4.00	2.25%
	A_u	55	104	100.4	3.98%
	R_i/kΩ	2.5	1.39	1.25	11.2%
	R_o/kΩ	2.89	2.76	2.88	4.2%

第 2 篇

实验报告部分

第 1 章　智能制造系统的认识与分析实验报告

课程名称：

专业：

班级：

姓名：

学号：

学校：

学院：

实验成绩考核

实验项目		类型	权重
实验一	智能制造系统的认识与分析实验	认识性	1

考核项目及权重		<60	60～69	70～79	80～89	≥90	备注
实验过程50%	实验预习：动手操作与团队合作	未预习；不会操作，不合作	预习报告不完整；部分了解仪器设备，需在指导下完成基本操作，团队协作较差	预习报告基本完整；了解仪器设备，完成基本操作，团队协作运转基本顺畅	预习报告较完整；掌握仪器设备，操作较熟练，团队协作有效运转	预习报告非常完整；熟悉仪器设备，熟练操作，团队协作高效运转	认识性
	实验准备：实践能力与团队合作	无实验方案；无操作，不合作	实验方案不合理，非常大的修改后可实施，能基本回答问题；部分了解仪器设备，需在指导下完成基本操作，被动参与实验	实验方案基本合理，较大修改后可实施，回答问题基本正确；了解仪器设备，熟练程度一般，较好完成分配任务，与小组成员配合需提醒	实验方案较合理，简单修改可实施，回答问题较正确；掌握仪器设备，使用较熟练，完成分配任务，能与小组成员配合	实验方案非常合理，准确流利回答问题；熟悉仪器设备，熟练使用，圆满完成分配任务，并能协助同组成员	设计性
	实验准备：记录能力与团队合作	不了解实验内容；不会操作，没有合作	对实验内容有所了解，但大部分内容还很生疏；部分了解仪器设备，需在指导下完成基本操作，团队协作较差	对实验基本了解，不深入；了解仪器设备，熟练程度一般，团队协作运转基本顺畅	对大部分实验内容比较熟悉；掌握仪器设备，使用较熟练，团队协作有效运转	全面深入了解实验的整个过程；熟悉仪器设备，熟练使用，团队协作高效运转	综合性
实验报告50%	数据准确与分析处理；内容规范性	数据记录和处理分析错误；报告杂乱	数据记录，处理分析不完整和不准确；报告缺少内容	数据记录，处理分析基本完整和准确；报告基本规范	数据记录，处理分析较完整和准确；报告较规范完整	数据记录，处理分析完整和准确；报告非常规范完整	规范性

成绩采用百分制，由考核项目加权求和计算百分制总成绩，无实验报告、缺席规定时间1/3、实验操作达不到基本要求，可直接确认实验成绩不合格。

实验一　智能制造系统的认识与分析实验

实验日期：　　　　年　　月　　日

实验过程成绩(50%)		总成绩	
实验报告成绩(50%)			

一、实验预习

1. 实验所支撑的毕业要求指标点

2. 实验目的

通过对智能制造系统的认识与结构分析，了解现代化机械的特点及发展趋向，掌握智能制造系统中的车床加工中心、搬运机器人及质量检测系统的构成特点，掌握伺服系统、机械传动系统、执行系统和控制系统的组成及结构特点。

3. 实验仪器与设备

智能制造系统包括：物料储运系统，成品尺寸检测系统，数字控制加工设备。

4. 实验原理与内容

(1)观察智能制造系统的各部分组成。

(2)了解系统中各构成部分的结构特点。

(3)学习智能制造系统的工作原理。

二、实验零件照片或三维图

三、实验分析处理

1. 按加工零件绘制零件图

2. 实验分析

要求分析如何提高智能制造系统的智能化,并根据实验零件和实验现象总结智能化的条件。

第 2 章　工业机器人实验报告

课程名称：

专业：

班级：

姓名：

学号：

学校：

学院：

实验成绩考核

实验项目		类型	权重
实验一	工业机器人的组成及主要性能指标	验证性	0.3
实验二	工业机器人的运动控制	验证性	0.7

考核项目及权重		<60	60～69	70～79	80～89	≥90	备注
实验方案20%	实验预习:动手操作与团队合作	未预习;不会操作,不合作	预习报告不完整;部分了解仪器设备,需在指导下完成基本操作,团队协作较差	预习报告基本完整;了解仪器设备,完成基本操作,团队协作运转基本顺畅	预习报告较完整;掌握仪器设备,操作较熟练,团队协作有效运转	预习报告非常完整;熟悉仪器设备,熟练操作,团队协作高效运转	验证性
	实验准备:实践能力与团队合作	无实验方案;无操作,不合作	实验方案不合理,非常大的修改后可实施,能基本回答问题;部分了解仪器设备,需在指导下完成基本操作,被动参与实验	实验方案基本合理,较大修改后可实施,回答问题基本正确;了解仪器设备,熟练程度一般,较好完成分配任务,与小组成员配合需提醒	实验方案较合理,简单修改可实施,回答问题较正确;掌握仪器设备,使用较熟练,完成分配任务,能与小组成员配合	实验方案非常合理,准确流利回答问题;熟悉仪器设备,熟练使用,圆满完成分配任务,并能协助同组成员	设计性
实验操作30%	实验准备:记录能力与团队合作	不了解实验内容;不会操作,没有合作	对实验内容有所了解,但大部分内容还很生疏;部分了解仪器设备,需在指导下完成基本操作,团队协作较差	对实验基本了解,不深入;了解仪器设备,熟练程度一般,团队协作运转基本顺畅	对大部分实验内容比较熟悉;掌握仪器设备,使用较熟练,团队协作有效运转	全面深入了解实验的整个过程;熟悉仪器设备,熟练使用,团队协作高效运转	综合性
实验报告50%	数据准确与分析处理;内容规范性	数据记录和处理分析错误;报告杂乱	数据记录,处理分析不完整和不准确;报告缺少内容	数据记录,处理分析基本完整和不准确;报告基本规范	数据记录,处理分析较完整和不准确;报告较规范完整	数据记录,处理分析完整和准确;报告非常规范完整	规范性

成绩采用百分制,由考核项目加权求和计算百分制总成绩,无实验报告、缺席规定时间1/3、实验操作达不到基本要求,可直接确认实验成绩不合格。

实验一　工业机器人的组成及主要性能指标

实验日期：　　　年　　月　　日

实验方案成绩(20%)		总成绩	
实验操作成绩(30%)			
实验报告成绩(50%)			

一、实验预习

1. 实验所支撑的毕业要求指标点

掌握工业机器人的基本性能、基本工作原理、基本结构及其设计方法	能够基于工业机器人控制原理，通过文献研究及相关方法，运用工业机器人控制原理的相关知识和方法对工程问题设计工业机器人控制系统的实验方案，进行实验
掌握和了解工业机器人结构及运动模拟和仿真技术	在实验方案的基础上，根据实验要求实施实验，记录响应动作及相关的实验数据，通过实验获得准确的实验数据
能够应用工业机器人控制的基本理论和方法，实施基本控制实验	运用相应的理论分析方法，对实验数据进行分析和信息综合，并得出正确结论

2. 实验目的

(1)通过实验环节，让学生认识和了解工业机器人的结构组成，培养运用所学理论解决实际问题的能力、分析和综合实验结果以及撰写实验报告的能力。

(2)掌握工业机器人的主要性能指标的评价体系。

(3)学会工业机器人的基本操作。

3. 实验仪器与设备

串联六关节工业机器人

4. 结构图

二、实验基本数据

序号	额定负载/kg	工作半径/mm	重复定位精度/mm	噪声水平/dB
1				
2				
3				

三、实验分析处理

1. 工业机器人的组成

2. 实验结果分析

下列选项中不属于工业机器人特点的是（　　）。

A. 可编程　　B. 拟人化　　C. 通用性　　D. 应用领域狭小

实验二　工业机器人的运动控制

实验日期：　　　　年　　月　　日

实验方案成绩(20%)		总成绩	
实验操作成绩(30%)			
实验报告成绩(50%)			

一、实验预习

1. 实验所支撑的毕业要求指标点

2. 实验目的

要求学生掌握使用示教盒基本操作，学会编写简单 PTP 程序。

3. 实验仪器与设备

4. 工业机器人的控制程序

二、实验数据

序号	点		
	P_1	P_2	P_3
1	①P_1＝		
2	②P_2＝	④P_2 ＝	⑤P_3＝
3	③P_3＝		

三、实验分析处理

1. 运动轨迹曲线

2. 实验结果分析

通常对 FANUC 机器人进行示教编程时，要求最初程序点与最终程序点的位置（　　），可提高工作效率。

A. 相同　　B. 不同　　C. 无所谓　　D. 分离越大越好

第3章　控制工程基础实验报告

课程名称：

专业：

班级：

姓名：

学号：

学校：

学院：

实验成绩考核

实验项目		类型	权重
实验一	惯性环节时域特性模拟实验	验证性	0.3
实验二	二阶系统时域特性模拟实验	验证性	0.3
实验三	二阶系统频率特性模拟实验	综合性	0.4

考核项目及权重		＜60	60～69	70～79	80～89	≥90	备注
实验方案20%	实验预习：动手操作与团队合作	未预习；不会操作，不合作	预习报告不完整；部分了解仪器设备，需在指导下完成基本操作，团队协作较差	预习报告基本完整；了解仪器设备，完成基本操作，团队协作运转基本顺畅	预习报告较完整；掌握仪器设备，操作较熟练，团队协作有效运转	预习报告非常完整；熟悉仪器设备，熟练操作，团队协作高效运转	验证性
	实验准备：实践能力与团队合作	无实验方案；无操作，不合作	实验方案不合理，非常大的修改后可实施，能基本回答问题；部分了解仪器设备，需在指导下完成基本操作，被动参与实验	实验方案基本合理，较大修改后可实施，回答问题基本正确；了解仪器设备，熟练程度一般，较好完成分配任务，与小组成员配合需提醒	实验方案较合理，简单修改可实施，回答问题较正确；掌握仪器设备，使用较熟练，完成分配任务，能与小组成员配合	实验方案非常合理，准确流利回答问题；熟悉仪器设备，熟练使用，圆满完成分配任务，并能协助同组成员	设计性
实验操作30%	实验准备：记录能力与团队合作	不了解实验内容；不会操作，没有合作	对实验内容有所了解，但大部分内容还很生疏；部分了解仪器设备，需在指导下完成基本操作，团队协作较差	对实验基本了解，不深入；了解仪器设备，熟练程度一般，团队协作运转基本顺畅	对大部分实验内容比较熟悉；掌握仪器设备，使用较熟练，团队协作有效运转	全面深入了解实验的整个过程；熟悉仪器设备，熟练使用，团队协作高效运转	综合性
实验报告50%	数据准确与分析处理；内容规范性	数据记录和处理分析错误；报告杂乱	数据记录，处理分析不完整和不准确；报告缺少内容	数据记录，处理分析基本完整和准确；报告基本规范	数据记录，处理分析较完整和准确；报告较规范完整	数据记录，处理分析完整和准确；报告非常规范完整	规范性

成绩采用百分制，由考核项目加权求和计算百分制总成绩，无实验报告、缺席规定时间 1/3、实验操作达不到基本要求，可直接确认实验成绩不合格。

实验一　惯性环节时域特性模拟实验

实验日期：　　　　年　　月　　日

<table>
<tr><td>实验方案成绩(20%)</td><td></td><td rowspan="3">总成绩</td><td rowspan="3"></td></tr>
<tr><td>实验操作成绩(30%)</td><td></td></tr>
<tr><td>实验报告成绩(50%)</td><td></td></tr>
</table>

一、实验预习

1. 实验所支撑的毕业要求指标点

2. 实验目的

3. 实验仪器与设备

4. 方案电路图

二、实验数据

序号	R	C	$T_{计算}$/s	$T_{测量}$/s
1				
2				
3				

三、实验分析处理

1. 响应曲线

2. 实验结果分析

一阶惯性环节在什么条件下可视为积分环节，在什么条件下可视为比例环节？

实验二　二阶系统时域特性模拟实验

实验日期：　　　　年　　月　　日

实验方案成绩(20%)		总成绩	
实验操作成绩(30%)			
实验报告成绩(50%)			

一、实验预习

1. 实验所支撑的毕业要求指标点

2. 实验目的

3. 实验仪器与设备

4. 方案电路图

二、实验数据

$T=RC$	ζ		
	0.2	0.5	1
$R_1=$　　$C_1=$	①$M_p=$　　$T_p=$		
$R_2=$　　$C_2=$	②$M_p=$　　$T_p=$	④$M_p=$　　$T_p=$	⑤$M_p=$　　$T_p=$
$R_3=$　　$C_3=$	③$M_p=$　　$T_p=$		

三、实验分析处理

1. 响应曲线

2. 实验结果分析

二阶系统在什么情况下不稳定？在本实验系统中影响不稳定的参数是什么？

实验三　二阶系统频率特性模拟实验

实验日期：　　　　年　　月　　日

实验方案成绩(20%)		总成绩	
实验操作成绩(30%)			
实验报告成绩(50%)			

一、实验预习

1. 实验所支撑的毕业要求指标点

2. 实验目的

3. 实验仪器与设备

4. 方案电路图

二、实验数据

序号	1	2	3	4	5	6	7	8	9	10	11	12
输入频率/Hz												
响应幅值/V												

三、实验分析处理

1. 系统理论固有频率计算

2. 实验结果分析

阻尼比对系统有什么影响?

第 4 章　测试技术实验报告

课程名称：

专业：

班级：

姓名：

学号：

学校：

学院：

实验成绩考核

实验项目		类型	权重
实验一	传感器的结构、变换原理及应用	验证性	0.2
实验二	电桥“和差”特性与应变测量	综合性	0.3
实验三	传感器静态特性参数测试	验证性	0.2
实验四	悬臂梁动态特性参数测试	综合性	0.3

考核项目及权重		＜60	60～69	70～79	80～89	≥90	备注
实验过程50%	实验预习：动手操作与团队合作	未预习；不会操作，不合作	预习报告不完整；部分了解仪器设备，需在指导下完成基本操作，团队协作较差	预习报告基本完整；了解仪器设备，完成基本操作，团队协作运转基本顺畅	预习报告较完整；掌握仪器设备，操作较熟练，团队协作有效运转	预习报告非常完整；熟悉仪器设备，熟练操作，团队协作高效运转	验证性
	实验准备：实践能力与团队合作	无实验方案；无操作，不合作	实验方案不合理，非常大的修改后可实施，能基本回答问题；部分了解仪器设备，需在指导下完成基本操作，被动参与实验	实验方案基本合理，较大修改后可实施，回答问题基本正确；了解仪器设备，熟练程度一般，较好完成分配任务，与小组成员配合需提醒	实验方案较合理，简单修改可实施，回答问题较正确；掌握仪器设备，使用较熟练，完成分配任务，能与小组成员配合	实验方案非常合理，准确流利回答问题；熟悉仪器设备，熟练使用，圆满完成分配任务，并能协助同组成员	设计性
	实验准备：记录能力与团队合作	不了解实验内容；不会操作，没有合作	对实验内容有所了解，但大部分内容还很生疏；部分了解仪器设备，需在指导下完成基本操作，团队协作较差	对实验基本了解，不深入；了解仪器设备，熟练程度一般，团队协作运转基本顺畅	对大部分实验内容比较熟悉；掌握仪器设备，使用较熟练，团队协作有效运转	全面深入了解实验的整个过程；熟悉仪器设备，熟练使用，团队协作高效运转	综合性
实验报告50%	数据准确与分析处理；内容规范性	数据记录和处理分析错误；报告杂乱	数据记录，处理分析不完整和不准确；报告缺少内容	数据记录，处理分析基本完整和准确；报告基本规范	数据记录，处理分析较完整和准确；报告较规范完整	数据记录，处理分析完整和准确；报告非常规范完整	规范性

成绩采用百分制，由考核项目加权求和计算百分制总成绩，无实验报告、缺席规定时间 1/3、实验操作达不到基本要求，可直接确认实验成绩不合格。

实验一　传感器的结构、变换原理及应用

实验日期：　　　　年　　月　　日

实验过程成绩(50%)		总成绩	
实验报告成绩(50%)			

一、实验预习

1. 实验所支撑的毕业要求指标点

2. 实验目的

3. 实验仪器与设备

二、简述传感器的工作原理，并绘制原理简图

实验二　电桥“和差”特性与应变测量

实验日期：　　　年　　月　　日

实验过程成绩(50%)		总成绩	
实验报告成绩(50%)			

一、实验预习

1. 实验所支撑的毕业要求指标点

2. 实验目的

3. 实验仪器与设备

4. 实验原理与方法

二、实验数据

载荷/g	邻臂		对臂	
	同号	异号	同号	异号
200				
400				

三、实验分析处理

1. 应力应变测试及计算方法

2. 实验分析

要求根据不同形式的电桥的输出情况，总结得出电桥“和差”特性的要点。

实验三　传感器静态特性参数测试

实验日期：　　　　年　　月　　日

实验过程成绩(50%)		总成绩	
实验报告成绩(50%)			

一、实验预习

1. 实验所支撑的毕业要求指标点

2. 实验目的

3. 实验仪器与设备

4. 实验原理及系统框图

二、实验数据

输入位移/mm	0	0.5	1	1.5	2	2.5	3
正向输出/V							
反向输出/V							

三、实验分析处理

1. 回程曲线

2. 线性度

实验四　悬臂梁动态特性参数测试

实验日期：　　　年　　月　　日

实验过程成绩(50%)		总成绩	
实验报告成绩(50%)			

一、实验预习

1. 实验所支撑的毕业要求指标点

2. 实验目的

3. 实验仪器与设备

4. 实验原理与方法

二、实验数据

序号	激振频率/Hz	振幅	序号	激振频率/Hz	振幅
1			6		
2			7		
3			8		
4			9		
5			10		

三、实验分析处理

1. 根据实验数据绘制幅频曲线

2. 实验分析

是否能一次测得固有频率和幅频特性数据？

第 5 章　数字电子技术基础实验报告

课程名称：

专业：

班级：

姓名：

学号：

学校：

学院：

实验成绩考核

实验项目		类型	权重
实验一	组合逻辑电路设计实验	综合性	1

考核项目及权重		<60	60～69	70～79	80～89	≥90	备注
实验方案 20%	实验预习：动手操作与团队合作	未预习；不会操作，不合作	预习报告不完整；部分了解仪器设备，需在指导下完成基本操作，团队协作较差	预习报告基本完整；了解仪器设备，完成基本操作，团队协作运转基本顺畅	预习报告较完整；掌握仪器设备，操作较熟练，团队协作有效运转	预习报告非常完整；熟悉仪器设备，熟练操作，团队协作高效运转	验证性
	实验准备：实践能力与团队合作	无实验方案；无操作，不合作	实验方案不合理，非常大的修改后可实施，能基本回答问题；部分了解仪器设备，需在指导下完成基本操作，被动参与实验	实验方案基本合理，较大修改后可实施，回答问题基本正确；了解仪器设备，熟练程度一般，较好完成分配任务，与小组成员配合需提醒	实验方案较合理，简单修改可实施，回答问题较正确；掌握仪器设备，使用较熟练，完成分配任务，能与小组成员配合	实验方案非常合理，准确流利回答问题；熟悉仪器设备，熟练使用，圆满完成分配任务，并能协助同组成员	设计性
实验操作 30%	实验准备：记录能力与团队合作	不了解实验内容；不会操作，没有合作	对实验内容有所了解，但大部分内容还很生疏；部分了解仪器设备，需在指导下完成基本操作，团队协作较差	对实验基本了解，不深入；了解仪器设备，熟练程度一般，团队协作运转基本顺畅	对大部分实验内容比较熟悉；掌握仪器设备，使用较熟练，团队协作有效运转	全面深入了解实验的整个过程；熟悉仪器设备，熟练使用，团队协作高效运转	综合性
实验报告 50%	数据准确与分析处理；内容规范性	数据记录和处理分析错误；报告杂乱	数据记录，处理分析不完整和不准确；报告缺少内容	数据记录，处理分析基本完整和准确；报告基本规范	数据记录，处理分析较完整和准确；报告较规范完整	数据记录，处理分析完整和准确；报告非常规范完整	规范性

成绩采用百分制，由考核项目加权求和计算百分制总成绩，无实验报告、缺席规定时间 1/3、实验操作达不到基本要求，可直接确认实验成绩不合格。

实验一　组合逻辑电路设计实验

实验日期：　　　年　　月　　日

实验方案成绩(20%)		总成绩	
实验操作成绩(30%)			
实验报告成绩(50%)			

一、实验预习

1. 实验所支撑的毕业要求指标点

2. 实验目的

3. 实验仪器与设备

4. 方案电路图

组合逻辑功能测试：

(1)用 2 片 74LS00 组成逻辑电路。

(2)A、B、C 接开关电平，Y1、Y2 接发光二极管电平显示。

(3)按真值表要求，改变 A、B、C 的状态并填真值表，写出 Y1、Y2 表达式。

半加器设计及功能测试：

(1)用与非门 74LS00 和异或门 74HC86 设计一个半加器。

(2)组装所设计的半加器电路，并验证其功能是否正确，填真值表。

(3)写出输出与输入之间的逻辑表达式。

全加器设计及功能测试：

(1)用与非门 74LS00 和与或非门 74LS54 设计一个全加器。

(2)组装所设计的全加器电路，并验证其功能是否正确，填真值表。

(3)写出输出与输入之间的逻辑表达式。

二、实验数据

半加器的真值表

序号	A	B	C	S
1	0	0	0	0
2	0	1	0	1
3	1	0	0	1
4	1	1	1	0

三、实验分析处理

1. 全加器真值表

输入			输出	
A	B	C(低位进)	Y1(和)	Y2(进位)
0	0	0	0	0
0	0	1	1	0
0	1	0	1	0
0	1	1	0	1
1	0	0	1	0
1	0	1	0	1
1	1	0	0	1
1	1	1	1	1

2. 实验结果分析

全加器在什么条件下可视为半加器?

第 6 章　电路分析基础实验报告

课程名称：

专业：

班级：

姓名：

学号：

学校：

学院：

实验成绩考核

实验项目		类型	权重
实验一	叠加定理	综合性	1

考核项目及权重		<60	60～69	70～79	80～89	≥90	备注
实验方案 20%	实验预习：动手操作与团队合作	未预习；不会操作，不合作	预习报告不完整；部分了解仪器设备，需在指导下完成基本操作，团队协作较差	预习报告基本完整；了解仪器设备，完成基本操作，团队协作运转基本顺畅	预习报告较完整；掌握仪器设备，操作较熟练，团队协作有效运转	预习报告非常完整；熟悉仪器设备，熟练操作，团队协作高效运转	验证性
	实验准备：实践能力与团队合作	无实验方案；无操作，不合作	实验方案不合理，非常大的修改后可实施，能基本回答问题；部分了解仪器设备，需在指导下完成基本操作，被动参与实验	实验方案基本合理，较大修改后可实施，回答问题基本正确；了解仪器设备，熟练程度一般，较好完成分配任务，与小组成员配合需提醒	实验方案较合理，简单修改可实施，回答问题较正确；掌握仪器设备，使用较熟练，完成分配任务，能与小组成员配合	实验方案非常合理，准确流利回答问题；熟悉仪器设备，熟练使用，圆满完成分配任务，并能协助同组成员	设计性
实验操作 30%	实验准备：记录能力与团队合作	不了解实验内容；不会操作，没有合作	对实验内容有所了解，但大部分内容还很生疏；部分了解仪器设备，需在指导下完成基本操作，团队协作较差	对实验基本了解，不深入；了解仪器设备，熟练程度一般，团队协作运转基本顺畅	对大部分实验内容比较熟悉；掌握仪器设备，使用较熟练，团队协作有效运转	全面深入了解实验的整个过程；熟悉仪器设备，熟练使用，团队协作高效运转	综合性
实验报告 50%	数据准确与分析处理；内容规范性	数据记录和处理分析错误；报告杂乱	数据记录，处理分析不完整和不准确；报告缺少内容	数据记录，处理分析基本完整和准确；报告基本规范	数据记录，处理分析较完整和准确；报告较规范完整	数据记录，处理分析完整和准确；报告非常规范完整	规范性

成绩采用百分制，由考核项目加权求和计算百分制总成绩，无实验报告、缺席规定时间 1/3、实验操作达不到基本要求，可直接确认实验成绩不合格。

实验一　叠加定理

实验日期：　　　　年　　月　　日

实验过程成绩(50%)		总成绩	
实验报告成绩(50%)			

一、实验预习

1. 实验目的

2. 实验仪器与设备

3. 实验原理与方法

二、实验数据

U_{S1}和U_{S2}同时、分别作用时R_2的电压和电流

测量次数	1	2	3	4	5	平均值
U						
I						

三、实验分析处理

第 7 章　模拟电子技术基础实验报告

课程名称：

专业：

班级：

姓名：

学号：

学校：

学院：

实验成绩考核

实验项目		类型	权重
实验一	三极管放大电路设计实验	综合性	1

考核项目及权重		＜60	60～69	70～79	80～89	≥90	备注
实验方案20%	实验预习：动手操作与团队合作	未预习；不会操作，不合作	预习报告不完整；部分了解仪器设备，需在指导下完成基本操作，团队协作较差	预习报告基本完整；了解仪器设备，完成基本操作，团队协作运转基本顺畅	预习报告较完整；掌握仪器设备，操作较熟练，团队协作有效运转	预习报告非常完整；熟悉仪器设备，熟练操作，团队协作高效运转	验证性
	实验准备：实践能力与团队合作	无实验方案；无操作，不合作	实验方案不合理，非常大的修改后可实施，能基本回答问题；部分了解仪器设备，需在指导下完成基本操作，被动参与实验	实验方案基本合理，较大修改后可实施，回答问题基本正确；了解仪器设备，熟练程度一般，较好完成分配任务，与小组成员配合需提醒	实验方案较合理，简单修改可实施，回答问题较正确；掌握仪器设备，使用较熟练，完成分配任务，能与小组成员配合	实验方案非常合理，准确流利回答问题；熟悉仪器设备，熟练使用，圆满完成分配任务，并能协助同组成员	设计性
实验操作30%	实验准备：记录能力与团队合作	不了解实验内容；不会操作，没有合作	对实验内容有所了解，但大部分内容还很生疏；部分了解仪器设备，需在指导下完成基本操作，团队协作较差	对实验基本了解，不深入；了解仪器设备，熟练程度一般，团队协作运转基本顺畅	对大部分实验内容比较熟悉；掌握仪器设备，使用较熟练，团队协作有效运转	全面深入了解实验的整个过程；熟悉仪器设备，熟练使用，团队协作高效运转	综合性
实验报告50%	数据准确与分析处理；内容规范性	数据记录和处理分析错误；报告杂乱	数据记录，处理分析不完整和不准确；报告缺少内容	数据记录，处理分析基本完整和准确；报告基本规范	数据记录，处理分析较完整和准确；报告较规范完整	数据记录，处理分析完整和准确；报告非常规范完整	规范性

成绩采用百分制，由考核项目加权求和计算百分制总成绩，无实验报告、缺席规定时间1/3、实验操作达不到基本要求，可直接确认实验成绩不合格。

实验一　三极管放大电路设计实验

实验日期：　　　　年　　月　　日

实验过程成绩(50%)		总成绩	
实验报告成绩(50%)			

一、实验预习

1. 实验所支撑的毕业要求指标点

2. 实验目的

3. 实验仪器与设备

4. 实验电路图

二、实验数据

静态工作点变化对放大器性能的影响

静态工作点电流 I_{CQ}/mA		1	2		
		测量值	测量值	理论值	误差
输入端接地	U_{BQ}/V				
	U_{CQ}/V				
	U_{EQ}/V				
输入信号 U_i=5 mV	U_S/mV				
	U_o/V				
	U_o'/V				
计算值	U_{BEQ}				
	U_{CEQ}				
	A_u				
	R_i/kΩ				
	R_o/kΩ				

三、实验分析

参考文献

[1] 郭洪红. 工业机器人技术[M]. 3 版. 西安:西安电子科技大学出版社,2016.

[2] 王洁,刘慧芳. 机械控制工程基础[M]. 北京:机械工业出版社,2017.

[3] 熊诗波. 机械工程测试技术基础[M]. 4 版. 北京:机械工业出版社,2018.

[4] 王绍胜,程俊廷. 基于柔性制造系统自动立体仓库的过程控制研究[D]. 大连:组合机床与自动加工技术,2009.

[5] 童诗白,华成英. 模拟电子技术基础[M]. 5 版. 北京:高等教育出版社,2015.

[6] 李永东. 现代电力电子学:原理及应用[M]. 北京:电子工业出版社,2011.

[7] 欧伟明. 数字电子技术[M]. 北京:电子工业出版社,2020.

[8] 李雪. 先进制造系统[M]. 西安:西安电子科技大学出版社,2021

[9] 曲芳,王绍胜,桑海涛,等. 基于 3DMAX 的 T 字形工件自动化焊接路径与程序[D]. 哈尔滨:黑龙江科技大学,2015.

[10] 曲芳,顿国强,王绍胜,等. 基于 Multi-Agent 协作的井下机器人智能搜救系统[D]. 哈尔滨:黑龙江科技大学,2015.

[11] WANG Shaosheng, HE Wantao, LIU Rongbin, et al. Optimal design of flexible manufacturing system based on optical measurement principle[J]. Advanced materials research, 2011, 142: 219-222.

[12] ZHAO Hanqing, WANG Shaosheng. Visualization research of roadheader's memory cutting research[J]. Applied mechanics and materials, 2010, 33: 177-180.